i

imaginist

想象另一种可能

理
想
国

imaginist

Aurélien
Barrau

宇宙中最狂暴
又最迷人的天体

黑洞之心

AU CŒUR DES
TROUS NOIRS

［法］奥海良·巴罗 著

郭彦良 姚智斌 译

上海三联书店

" 那黑洞的边缘以及它的深处好似眼眸，

向我们凝视过来。

不知所以，

但却觉得天旋地转。 "

——让·日奈《玫瑰的奇迹》

目　录

TABLE DES MATIÈRES

Préambule

序　言

　　神秘而又极具象征性，黑洞引发了我们无数奇妙的幻想与莫名的恐惧。从科学角度上说，黑洞的一部分特性已经为人所知，但仍然有不少特性笼罩在神秘面纱之下。这些未知仅凭自身，就迫使我们调动了一大部分已有知识来理解，这个过程给我们带来了很多新的知识，把我们对黑洞的理解推上了一个高峰。在黑洞之中，时间与空间相互转换，无人知晓中心奇点的真正本质。当我们引入量子力学来理解黑洞，这个图景变得错综复杂却又奇异瑰丽。

　　这本小书旨在向有兴趣的读者展示黑洞的奇幻魅力，但并不要求大家必须掌握物理学或天文学的基础知识。我摒弃巨细无遗的讲解，本意是想更通俗地给大家传递我个人认为最重要的黑洞特性，并且尽可能把这个过程建立在科学事实之上。

　　抛开系统烦琐的数学证明，本书采用对话形式，意在让那些关于黑洞的最重要的谜题尽量明白易懂，同时不失严格准确。我将在本书中呈现我们已经透彻掌握了的物理学成果，也将向大家介绍物理学的前沿问题。因此，这本书不仅涉及（以尽量简洁的方式呈现）广义相对论，也试图导引大家认识仍在发展中的物理科学。

最后提醒一点，不要被书中对话双方不寻常的名字吓到，名字背后的含义将随着对话的推进慢慢揭晓。

1

Qu'est-ce qu'un trou noir?

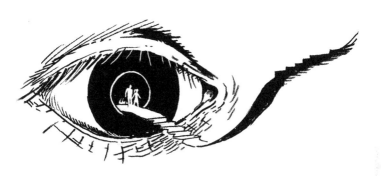

一

黑洞到底是什么？

在图书馆里，人们经常讨论至夜幕降临。这一天，埃拉伽巴路斯（以下简称为"埃"）和赫卡忒（以下简称为"赫"）坐在图书馆里开始讨论关于黑洞的问题。舒适的夜晚当然是很惬意的，但现在让我们走出这种舒适，扪心自问一下：黑洞真的存在吗？它是真实的吗？

埃 夜已经深了，你应该去上床睡觉才对。可别错过了做美梦的时间。

赫 不，我可不要，明天会是崭新的一天，但我现在就想知道。明天才知道就太晚了。你知道我们总是在夜里的时间才能更好地思考。

埃 是，这倒是真的。我喜欢你像这样以绝对简单的方式触碰现实。

赫 咱们别在这废话啦！还是跟我说说天空吧，跟我说说恒星、陨石、行星或者彗星，再说说黑洞！

埃 你说的这些都不是问题关键，而且它们之间也几乎没什么联系。你知道吗？宇宙浩瀚而多变，既包罗万象又色彩纷呈。从类星体到脉冲星，从中子星到白矮星，从小行星到星际气体，再从冲击波到磁场光晕，总之，我们可以说宇宙是丰富多彩的。

赫　这些都是真实的吗？

埃　你先给我举一个"真实"的东西呗。

赫　我啊。

埃　是的，你活在这个世界上，这是不可否认的。但是你别忘了，组成你身体的那些粒子，什么夸克呀，胶子呀，都和宇宙的年龄一样大。从某种意义上说，你身体的年龄已经超过130亿岁了。换句话说，你伴随宇宙大爆炸而生。你可以再想想别的问题，比如磁场真的存在吗，或者它只是人类对现实的一种投射？那些物理公式是真实的吗？它们会不会只是理解问题的一种方式，只不过相对而言更简单？所有对这类问题的回答恐怕都有些荒谬，这些问题我们能没日没夜地讨论下去。

赫　好吧，存在与诞生这类问题无疑是相当复杂的。

但是从"地球存在"或"飞虫存在"（我们能看到，飞虫的爪子十分纤细，它们的动作无法预测）这个角度来理解"存在"，你能不能说黑洞是"存在"的？

埃 是的，从这个意义上说，黑洞是存在的，我确信不疑。它存在于我们的宇宙中，就像天上那些没有引起我们特别重视的大量天体一样。

赫 但我们真的看到黑洞了吗？

埃 你看到夸克＊了吗？你看到电场了吗？重力场呢？我这儿可有好多这样的物理学例子等着你呢。我还没问你能不能看

> ＊夸克是一种基本粒子，也是构成物质的基本单元。夸克互相结合，形成一种复合粒子——强子，强子中最稳定的是质子和中子，它们是构成原子核的单元。

到爱情或者瓦格纳恢宏美妙的和弦呢！某种程度上你有你的道理：我们"看"不到黑洞，但有许许多多的物理实体，科学家对它们的认知不

是通过"看"来获取的。日常生活中，视觉无疑
是我们最主要的获取信息的途径，它能让我们
勾勒出感知到的外部环境，但它远非唯一的途
径，况且利用视觉获取的信息经常会有遗漏，不
够明确。黑洞就是我们通过其他方式探测到的，
我们同样不怀疑它的真实性。

赫   这个你之后再跟我详细解释……那爱因斯坦是
怎么发明这些东西的呢？

埃   呃，其实不是爱因斯坦。早在18世纪，英国的天
文爱好者约翰·米歇尔和法国的物理学家、数学
家皮埃尔-西蒙·拉普拉斯就已经预见了黑洞存
在的可能性。其实这已经不是什么新鲜概念了。

赫   我还以为要等到相对论和其他数学工具都得到
完善之后才会出现黑洞这个概念呢。他们怎么
那么早就发明了黑洞的概念呢？

埃 到底是发明黑洞还是发现黑洞？这又是一个大问题。不过我还挺喜欢你想都没想就直接用了"发明"这个词。要想深入研究黑洞的话，相对论必不可少，这点没错。但要想了解黑洞的存在以及它的一部分性质，一些最简单的论据就足够了。如果你把一块石头扔向天空，它会飞去哪儿呢？

赫 它会上升几米然后落下来。

埃 应该是这样。如果它飞出的速度比刚才快得多，远超出你手臂能带给它的速度，它会去哪儿呢？

赫 我猜，它会被抛到很高很高的空中，也许不会再掉下来了。

埃 完全正确。如果速度足够快，它就会消失在天空中，永远不会回到地球上来了。这种刚好能让物体逃离星体的速度叫作"宇宙速度"。对于地球这样的行星，脱离它的宇宙速度大概是每秒11千米，这就是能让物体摆脱地心引力并且永远在太空中游荡的速度。现在让我们想象一下，如果有一个巨人用手狠狠地挤压地球，导致地球体积缩小了，地球表面的重力场会怎么变化？

赫　既然星体的重量没有改变但体积变小了，那很显然，我们离它的中心更近了，所以我们一定能感觉到更强的地心引力。即使我们没有长胖也比以前更重了！

埃　是这样的，那宇宙速度呢？

赫　如果地心引力变得更强了，那显然地球上的石头也更难摆脱地心引力的束缚，所以现在它逃离地球需要的宇宙速度必须比之前更大。如果之前逃离地球的宇宙速度是每秒11千米，那现在估计要达到每秒20千米或30千米它才能脱离重力场。

埃 完美，看来你已经明白了啊。现在我们把地球压成一个体积特别小且密度极大的小球，那它的宇宙速度就变得无穷大了。如果这个速度超过了光速会怎么样？

赫 光都不能从这里逃出去！光的速度没有快到能从它超强的重力场里逃逸出去。

埃 亲爱的赫卡忒，你这不就发现了黑洞吗！就是这样！如果一个天体有一定的质量但是体积特别特别小，或者说它有一定的体积但是质量特别特别大，能使得它表面的重力场特别强以至于连光子（形成光的基本粒子）都不能从这个物体里脱离出去，那么这完完全全就是一个对黑洞的经典定义。所以你看，我们并不是非得用广义相对论或者什么复杂的方程才能了解黑洞。

赫 如果我们现在就假定这个天体是个黑洞，那你刚刚提到的它的表面到底有什么作用呢？它是由什么物质构成的呢？就拿我们的地球来说，它的表面就可以被简单地认作不同物质的分界面，一边是我们的星球，而另一边是几乎真空的环境。一艘正在朝着地球行驶的宇宙飞船一头撞向地球表面，它要么落入水中撞碎，要么撞在岩石上粉身碎骨。黑洞也是如此吗？

埃 不是的，就一个黑洞而言，它的表面其实只能单纯用数学来形容，没有物质性可言。你在进入黑洞的过程中丝毫不会感受到它的存在。我们可以简单地把这个表面定义为一个边界，当你穿过这个边界进入黑洞内部之后，你将再也无法回到来时经过的点。在我们穿过这个表面的过程中不会发生任何撞击或碰撞。这就好比你是瀑布激流前的一条鱼，按照自然规律，水流速度会随着接近瀑布而逐渐增加。现在即使你以最快的速度逆流而上，也无法逃避被水流冲向瀑布的命运。这个"无法返回"效应同样适用于你被径直冲向黑洞中心的情况。但是那条鱼，也就是你，在这个过程中却没有察觉到丝毫异常。以此类推，当你穿过黑洞那球形的分界面时，你也不会有丝毫觉察。

赫 但是我看到许多其他的解说将黑洞形状描述为漏斗，这跟你刚刚说它的外形是球形似乎……

埃 对，确实有这类说法。但是如果现在一个黑洞出现在你的面前，你看到的应该是个球形。你刚刚所说的漏斗是物理学家为解释黑洞样貌而建立的一种理论，这个理论就像用一个长度去描述另一个长度一样，它过于复杂，我们不需要

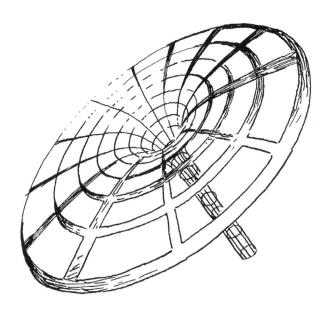

了解这方面的细节。总而言之，黑洞应该是个球状物。

赫 如果我们现在将地球的体积不断压缩，直到把它压缩成一个黑洞，然后用很早之前人类就计算得出的地球质量和光速，来计算被压缩成黑洞的地球的半径，那这个半径的数值会是多少呢？

埃 它的半径将是区区几毫米，实在是小得可怜……

赫 那意味着所有的山川、峡谷、海洋、地幔以及地核被压缩进一个区区几毫米的小球里面？这绝对不可能！没有人可以将地球压缩到如此小的体积。因此在现实中黑洞应该不可能存在啊。

埃 在过去的很长时间里，天文学家跟你想的完全一样。他们认为黑洞在现实世界中不存在，但在数学上有存在的可能性。

赫 你是想说，没有具体存在的东西就是不真实的吗？

埃 不，完全不是！我只是想说，在实际的物理世界中，所有人都认为黑洞是不存在的。许多物体只存在数学上的可能性却无论如何也无法真实存在。从基础物理的角度来说，我们应该开放地看待任何事情的假设，例如，我们可以说有六米高的巨人，即使这个例子看上去并不可能。一切皆有可能，但是可能的却未必真实。那么我们再来继续说说黑洞，它描述了一系列有待进一步证实的数学特性。

赫 但是你说过，从科学的角度看，黑洞是确确实实存在的。这又该怎么解释？

埃 首先我们得明白，黑洞并不一定需要我们之前说的那么高的密度。如果我们考虑的对象是一个质量远大于地球的物体，那么它若想成为黑洞，就不需要像地球一样被压缩到半径为几毫米的大小了。例如，我们现在考虑一个质量接近小型星系的物体，那么它成为黑洞后的密度将不会超过我们大气层的空气密度。许多位于星系中央的黑洞密度还没有水的密度大。我们现在描述的黑洞的形成不像刚刚举的压缩地球的例子那样荒谬。不过回到你的问题，应该指出的是，我们现在非常清楚恒星在寿终正寝时会发生什么了。

赫　为什么恒星也会死掉？

埃　因为经过一段时间后，它会耗尽所有"燃料"，走向生命尽头。例如我们的太阳，它每秒都能消耗掉百万吨的物质。

赫　我的天，这实在是太不环保了！

埃　从环境角度来说，你说得很对，环保确实是一个值得我们深究的问题。人类对地球的掠夺及破坏带来的几十年的污染，往往会毁坏地球十亿年精妙的自然演变，这也的确让我们感到悲伤且羞愧。但是对太阳来说却不是污染，而是一个本质的自然反应：这是形成氦原子必须经历的核聚变。

赫 那么当它没有物质可消耗时，就会成为黑洞吗？

埃 不会的，因为我们的太阳没有足够的质量，所以它最终将会成为一颗白矮星。不过宇宙中存在着数之不尽的、质量远大于太阳的星体，它们最终确实会变成黑洞。我必须提及一点，这并不是什么异说或小概率事件，相反，这是我们的理论体系预言的必然结果：黑洞将是那些大质量恒星无法逃避的归宿。

赫 但是这一切不过是数学计算而已，并不能让我信服。有谁能保证我们的理论在这样的极限条件下仍旧适用呢?

埃 我同意你的观点。科学应该是严谨的!但是事实上我们已经观测到黑洞了。

赫 我觉得我们是无法看到黑洞的吧!

埃 没错,如今我们还没有这样精密的仪器可以直接"看到"黑洞,原因很简单:黑洞实在是太小了。直接观测到我们银河系中心的黑洞就像要看到一道距离我们千万公里的美味菜肴一般!但是我们有其他方式探测黑洞。如今我们有三种可靠的方式证明黑洞的存在。第一种是观察游荡在银河系中心附近的星体运动轨迹。我们可以看到(当然我们还是用光学望远镜去观察这一切)并研究银河系中心周围星体的轨迹,我们可以精确计算出它们所围绕的物体的质量和位置。这是完全在基础物理学掌控之中的。

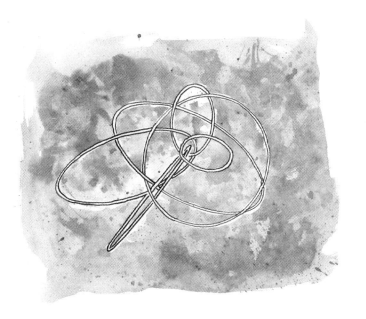

赫 掌控之中，这可不见得吧！

埃 我能够理解你的不认同。但是在这种情况下，我重复强调的也只是这种方式的可靠性是毋庸置疑的。我们观察到的星体轨迹所揭示的是一个巨大的物体，它拥有巨大质量，约是太阳质量的四百万倍。但它十分昏暗（因为我们"看"不见它却可以清晰地观测到其他星体）又十分微小（星体与它擦身而过而又没有明显直接接触的痕迹）。很明显这就是黑洞的特性啊！我实在想象不出，除了黑洞，还有什么其他东西可以满足以上所有条件。

赫 但我们这样不就"先入为主"地默认了黑洞理论的正确性吗？虽然它是最好的解释，但绝对不是唯一的解释。

埃 科学确实如此。当你觉得你已经定义了一个已知的物理事物时，那仅仅只能说明在此时此刻这种定义对你来说是最好的解释。你永远也不能排除我们将来可能用一种新方法、新角度去看待这个事物，即便它可能得出和过去完全不同的结论。第二种探测黑洞的方式是：黑洞会吸收周围物质，在此过程中，这些庞大的物质就像一个巨大的光盘，而光盘中心就是黑洞本身。那么可想而知这将导致在这个光盘上出现十分剧烈的摩擦现象，摩擦将导致物质上升到很高的温度。这样一来我们就可以看到它放出的 X 射线。

赫　黑洞简直是一只吞噬一切的饕餮！

埃　人们常常这么说，但事实并非如此。当然，所有掉入黑洞的东西将永远消失。这就是我们对它的定义：任何东西都无法从黑洞内部逃逸出去。

但事实上，黑洞并没有比恒星或其他质量相近的物体更能吸引周围的星星，而且大多数黑洞相当小，并不是庞然大物。

赫 但是如果太阳坍缩成了黑洞，那我们就有大麻烦了……

埃 当然，仅仅8分钟（这是光从太阳出发到达地球所用的时间）后我们的世界将变成一片黑暗，寒冷无比。但是如果从运动轨迹的角度来说，地球仍将像往常一样围绕太阳旋转。万有引力的大小并不取决于它到底是黑洞还是恒星：如果质量没有发生改变，那么引力自然也不会改变。

赫 那么银河系中心的黑洞难道不会吞噬整个银河系？这不是很危险吗？

埃 其实，恒星的轨道都是稳定的。离这个黑洞最近的恒星都拥有着十分规律的椭圆轨道，就如同月球围绕地球一般，它没有任何理由掉入黑洞之中。至于那些遥远的恒星，它们受到的黑洞影响则微乎其微。这个黑洞的质量是太阳的四百万倍，然而银河系的总质量却比太阳的千亿倍还要大。

赫　那黑洞就不会引起什么特别的现象吗？

埃　那要十分接近黑洞，这个地方我们称为"临界稳定轨道"。事实上，如果你越过这一临界轨道，你将不会再围绕黑洞旋转，这些在一片混乱的流体中冒险的粒子将会陷入黑洞之中！但对那些距离它很遥远的星体而言，黑洞构不成任何威胁。

赫　好的。你说过还有第三种检测黑洞存在的方式。

埃　是的，这和上一个问题有点关系。因为有大量物质环绕着黑洞，所以一些黑洞十分"活跃"，它可以释放出强烈的气体束并成为全宇宙最亮的物体……

赫 但是，我认为没有什么东西可以从黑洞中逃逸出来！它是怎么释放这些气体束的呢？

埃 这些气体粒子束并非从黑洞内部出来，那是不可能的。造成这种现象的原因是磁场，这其实也是一个几乎存在于所有天文物理过程中的最基本现象。当粒子围绕着黑洞的大型吸积盘向黑洞内旋转时，一部分粒子在进入黑洞之前会被磁场抛出去，形成巨大喷流，它能被我们用望远镜观测到，我们称其为类星体。它的强度如此之高，以至于在距它130亿光年之外的地球上都能观测到。这么远的距离，都快到宇宙的另一头了。

赫 宇宙也有尽头？

埃 不一定，等会儿我们接触相对论的时候再回过头来给你解释。但是这里我只是谈论可观测的宇宙，也就是我们通过无限大倍率的望远镜所能触及到的这部分宇宙。这里涉及的是一个有限尺寸的宇宙，但宇宙本身是无穷无尽的。

赫 好的，但是我们完全了解类星体吗？对前面所说的一切我们有把握吗？

埃 并没有，正如我之前和你说的一样，在科学世界中没有什么事情是我们可以百分百有把握的。但是经过20世纪80年代长时间的争论，这个推论与我们观测到的现象近乎一致：星系中心存在着超大质量的黑洞，是它导致了高强度辐射现象，即类星体。这是目前唯一公认的类星体发出强光的解释，它与我们观察到的实际情况完美契合。

赫　你是想说黑洞产生了大量的能量吗？

埃　没错，就是这样！这就是为什么类星体会如此明亮。恒星的核聚变反应仅仅会释放总能量的0.8%，这可比汽车发动机中的汽油燃烧反应大多了，但仍然非常少。当物体落入黑洞中，理论上它可以保留总能量的50%并且释放另外50%，这是相当可观的。

赫　啊，是的！而且它毫无疑问地将这些伽马射线信息传递给了我们目前正在使用的，位于纳米比亚的高能立体视野望远镜系统。它显示出位于银河系中心的黑洞是较活跃的，并且可以将粒子加速到十分惊人的能量，大约是人类能做出的最好的粒子加速器的百倍以上！这简直令人惊叹。除此之外，我还想问你一个题外话：你的名字"埃拉伽巴路斯"（Heliogabale）有什么含义吗？为什么你要这样称呼你自己？

埃　El gabal 代表山脉。我居住在格勒诺布尔，这是一个坐落于阿尔卑斯山脉中心的城市。它高峰耸立，是一个十分有趣的地方，它是世界上唯一一个用自身来告诉你保护生态的重要性的大城市，因为它用树木代替了广告牌。

●—— 我们如今已经有多种方式可以间接

证实黑洞的存在。

●—— 黑洞是宇宙中的小球体，任何

东西都无法从中逃逸出去。

●—— 黑洞密度不一定很大，也不

会吞噬周围的一切。

●—— 黑洞的表面并不具有物质性。

本章要点

2

La théorie d'Einstein

一

爱因斯坦的理论

天还没有亮，昏昏欲睡的赫卡忒和埃拉伽巴路斯已经在继续讨论了。伴随着醇香的咖啡，他们即将接触到奇妙的广义相对论，这将引领他们了解黑洞。

**La théorie
d'Einstein**

赫　你昨晚讲的那些黑洞的故事让我无法入睡。

埃　这可太好了。

赫　你这么说就有点不太友善了啊。

埃　我可没有，我一向友善。但是，我觉得当我们思考的时候偶尔遇到想不明白，脑子转不过来的状况，其实是一件很好的事情。我也很高兴我给你对宇宙的认知带来了更多疑惑。宇宙往往比我们认识的要更加丰富、令人敬畏、吸引人、陌生，也更加令人不安。

赫　可以用这些简单易懂的话语来理解黑洞，确实很吸引人啊。

埃　我可没有说这段故事已经结束了哟。你也知道，科学从来没有给出过既有决定性又十分"完美"的解释，从来都没有。它只是在一定精确度之内给出一个我们所期望的解释，而它也没有正确与否，我们只能说对它"满意"或者"不满意"。

赫　但是，如果要超越昨天讨论的牛顿的视角（毕竟它还忽视了爱因斯坦的发现），我想我们还需要求助于大量实验。

埃　那是当然，实验以及观测是物理学的本质，它将引领我们去理解物理。但是爱因斯坦的天才之处就在于知道如何运用我们所谓的"思想实验"，并且仅靠想象的力量就发明了一个革命性的新理论。

赫　但这种在测量中产生的不一致也挺好，因为它能告诉我们是时候修改我们的模型了。

埃　对，确实如此……然而情况往往比较复杂。我来给你举个关于天体力学的例子：两个相似的问题可能有着完全不同的原因。多年前人们观测到水星和天王星并没有按照牛顿万有引力计算的轨迹运动：人们的计算结果和它们的实际位置并不相符。在水星的情况中，人们提出新的理论——相对论——来解释这个现象。但是在天王星的情况中，人们不需要改变理论模型，而是发现了一个新的星体*，这就与水星的情况不一样了。有时候我们需要更新理论，有时候却应该审视更多。

> * 此处"新的星体"指海王星。1846 年，人们发现了太阳系第八颗行星——海王星，按万有引力理论的解释，它从外侧"拖曳"着天王星使其运行轨道异常。因此这一发现从牛顿力学的角度上，解释了天王星的运行偏差问题。

赫 那么，著名的相对论，这个爱因斯坦的伟大理论到底讲了什么呢？它对理解黑洞有帮助吗？

埃 它真是最美妙的发明，从根本上改变了我们对时空的认知。要想了解黑洞的美妙之处，相对论可是必不可少的。最初的问题其实很简单：当我们改变了参照系，不同的坐标系之间将如何转换？也就是说当我们从一个坐标系转换到另一个坐标系，如何确定物体在空间（及时间）中的位置？

赫　这可真是一个典型的让我想合上物理课本的枯燥问题……

埃　这我明白，通常来说，这类问题确实没有什么吸引力，我也尽量避免让这个话题变得太枯燥无味，不过，这确实是非常奇妙并且值得永世传颂的功勋。但是你放心，我不会过多讨论这个问题的细节。就在此时此刻，在这座图书馆内，我们来测量一下两个事件之间的物理距离以及时间间隔。举个例子：现在我对你笑了，一秒之后，距离我两米之外的你对我回以微笑。这两个微笑的时空距离看似被明确地定义了。但是，如果有个人跑得非常快，正在以每秒20万千米的速度运动，事情又将怎样呢？

赫　你是个物理学家，又不是个运动员！

埃　我跟你说过了，这只是一个思想实验！我们并不需要真正通过实现它来理解其中的原理。我们来问问这位"超人"对这两个事件的距离测量结果是多少。此时不同就出现了，在当前情况下既有的假设以及物理规律，都没办法解释为什么这位超人跟我们的测量结果不同：他测量到的空间距离将会变短，但是他测量的时间间隔将会拉得更长。

赫　嗯，我有所耳闻，无论在何种坐标系下，光速都是不变的，你是不是忽略了这一点？

埃　不，我没有。一直以来，科学家们都知道，极限速度和不变速度都是理论模型，不必作为假设前提。

赫　我期待着我在大学的第一堂课就能学到这么多
关于黑洞的知识。但是，让我们来设想一个情
况：我和一个人相约一小时后见面，既然你说速
度会改变时间流逝速度，如果我们当中有一个人
跑着去赴约，那么在这种情况下，我们两个人的
时间不就变得不同步了吗？

埃　你说得也有道理，但是事实上，由于我们的速度
相较于光速实在不值一提，所以这一丁点儿差
别也就可以忽略不计了。但是如果我们有一个
非常精确的时钟，就会发现当速度不一样时，时
钟上的时间并不会以同样的方式流淌。现在我
们假设你的手表和你朋友的手表是同步的，那
么在运动一段时间之后，你们的手表将不再同
步。昨晚回家的时候，我走得比你更快，我们之

间的年龄差就会微微缩小。即使此刻我大你几岁，但我回家的速度远远大于你的速度，如此运动一段足够长的时间，那么当我们重新坐在一起讨论时，你的年龄就会比我大了。

赫　如你所说，这思想实验可真有意思啊！但它是真实的吗？

埃　啊，就如我们之前所说的，"真实"是很复杂的。从一个角度来说，在人类的虚构幻想中，仙女和独角兽都是真的。但是我知道你真正想表达的意思是：这个实验是否真实可行？答案是肯定的，我们已经精确测量了这个效应。这时间差是真实存在的，而且这个效应在某些时候十分明显。比如，在日内瓦的欧洲核子研究中心（CERN）粒子加速器里的粒子，它的寿命十分短暂，但由于高速运动导致我们实际测得的粒子寿命是它本身的几千甚至几百万倍。这有点像我们将粒子送向了未来，也有点像如果一个人原本只有80年的寿命，但如果高速运动，他将陪伴地球度过百万年时光。对一个物理学家而言，这只是一个再寻常不过的现象，它并不是仅来自于思辨的理论。

赫　这实在太令人吃惊了，但是这和黑洞又有什么关系呢？

埃　要有耐心……在用广义相对论解释黑洞之前，我们要好好理解这个狭义相对论。

赫　当然，但是别忘了黑洞永远是"黑"的！如果说狭义相对论将时间与空间联系起来，它表明空间与时间其实是在同一个基本框架下，那么你想表达的就是空间与时间并没有本质上的不同咯。

埃　完全正确。这个基本框架我们称之为"时空"。

但是狭义相对论的内容绝不仅仅如此，它同样给出了十分著名的转化能量（ E ）与质量（ m ）的质能公式 $E=mc^2$ 。

赫　嘿，这听着就开始有点专业了，能量，质量……即使我们能够利用这个公式对能量和质量进行相互转化，但我想除此之外应该也没有什么能让我们对它如此欣喜若狂了吧。

埃　对于你这个观点，我不敢苟同。这个公式极其深刻且具有革命性。

赫　你这么说就是为了激励我吗？

埃　不，因为事实就是这样。它之所以被称作革命性的公式，是因为它能用"拥有"来制造"存在"。能量能被一个物体拥有，任何东西都能消耗掉能量或者获得更多能量。能量转化成质量，换句话说就是变成"存在"，这就像凭借一本书书页的形态或封面的颜色制造出另一本新书，但并不损坏原来的书！

赫 你别跟我说得这么隐晦啊。

埃 你可千万不要僵硬地逐字逐句地理解它。

赫 我知道实际情况总是更加复杂。让我们回到物理上，拉瓦锡*曾说："没有任何东西丢失，也没有任何东西产生，所有的物质都在相互转化。"这么表达是不是错的？

> * 安托万－洛朗·德·拉瓦锡，法国贵族，著名化学家、生物学家，被称为"近代化学之父"。

埃 没错，从粒子的角度来看这的确是错的。就如我之前跟你说的，一个粒子的运动就可以产生另外的新粒子。现实中这些小球的数量并不是一个固定不变的数字。

赫 但是我们说的这些好像和黑洞还是没什么明显的联系啊……

埃 我们已经快接近真相了。爱因斯坦可从来没有在这条道路上停止思考，他也希望能用新的模型来重新描述宇宙的万有引力。对牛顿来说，地球围绕着太阳运动是因为我们的星球正受到一个超距离的、特殊的力，这个力也使得地球的运动轨道呈椭圆形。并且引力有一个最重要的特性，就是它以同一种方式作用于所有的物体之间。

赫 多么民主的力！然而一个100千克的物体和一个10千克的物体，为什么它们会以同样的方式下落呢？

埃 对，一个确实比另一个质量更大一些。但是由于质量越大的物体越难移动，所以这得到了补偿，从而导致两个物体以同样的方式下落。

赫 为什么我们要谈论"力"呢？毫无疑问，如果考

　　虑运动轨迹是由空间形状决定的，这样理解可能更简单一些，因为所有物体都遵循着相同的曲线运动。

埃　你刚刚所说的就是爱因斯坦的等效原理的核心所在。不要将引力看作一种力，而是看作一种空间的变形，更准确地说，是时空的变形。就如我们刚刚所说，时间与空间是紧密联系的。

赫　但是物体围绕黑洞旋转或是掉入黑洞仍然是引力所致的啊！

埃　以牛顿力学的观点来看，确实如此。但是爱因斯坦的相对论认为，这些物体只是以一条"尽可能直"的轨迹穿过被黑洞弯曲的空间。这样的观点也同样可以解释行星围绕恒星的运动。

赫　所以说这就是描述同一件事情的另一种方式啊。

埃　如果这仅仅是解释一颗核桃从树上掉落，那么你的总结是正确的。但是对于黑洞这种极限问题，爱因斯坦的相对论可以解释一些牛顿力学体系不能解释的问题。来看看这张图：这是一张黑洞周围情况的模拟图，你可以看到，黑洞不仅像一个黑暗的圆盘，而且它使周围的星空发生了明显的扭曲。

赫　但是几何学是真实且固定不变的啊！我实在理解不了，你看，圆的周长是 π 乘以直径，这一点不管在地球上还是在全宇宙里都是不变的啊！

埃　没错！质量是可以引起几何扭曲的，这就是爱因斯坦的观点。如果我们测量地球的周长，将其当作一个完美的球体，忽略地球上的山川和沟壑，我们得到的结果也不会等于 π 乘以地球直径。实际测量结果和理论数字相差大约1毫米。

赫　可这差距也不大啊……

埃　的确相差无几。但这点差距同时也表明，空间不再是一个独立的实体：它是一个物理量，会被物体的存在改变，这个认识是一个巨大的革命。

赫　如果我们对黑洞做同样的测量呢？

埃　对黑洞做这样的测量是不可能的，因为这需要我们进入黑洞并且从中逃逸出来。但正如我们所料：在黑洞的表面，那些我们在中学所学的普通几何学中的距离，现在可都会变成一个无穷的长度！不过如果我们从时间变换的角度来看可能会更容易理解。如果你将一块表靠近黑洞表面，当它走一秒钟，那么在远处，比如地球上，可能已经过了漫长的几百万年甚至数十亿年光阴。

赫　我的天，我已经晕了！不过相对论效应似乎只对黑洞有很突出的作用。如果宇宙中没有黑洞，

广义相对论不就没什么作用了吗？它也不能有效地描述物理世界，那它的重要性不过是空中楼阁嘛。

埃 那么你觉得宇宙又是什么呢？

赫 宇宙？你是想说空间吗？这我该如何表达……空间就是空间。它就是这么个东西，就在那儿，谁也无法撼动。

埃 你的观点和爱因斯坦很接近，他证明空间也是"场"，或者就像你所说的，它是一个东西。对了，你应该知道宇宙正在膨胀吧？

赫 对，星系正在移动并且互相远离。

埃 不完全对。事实上，星系确实在相互远离，但是它们并没有移动。

赫 什么？那你给我解释解释，它们如何互相远离却又不在移动？这难道不自相矛盾吗？就跟你喜欢的尼采所说的一样，这是个矛盾的说法。

埃　真没想到能从你口中听到尼采，真是太高兴了。
正如哲学家米歇尔·福柯所说，尼采"和阿尔托*
还有巴塔耶** 同为一种标志：

> *安托南·阿尔托，法国诗人、演员、戏剧理论家。

他们提醒我们去质疑真理"。
虽然有几分相似，但我不是查

> **乔治·巴塔耶，法国评论家、思想家、小说家。

拉图斯特拉。

赫　虽然这么说，但是我们并没有拷问与质疑真理
啊，真理不是依然被接受了吗。所谓真理，它只
是人类的表达与事物运转的道理本身之间的一
种协定而已。要是一再拷问它，那可就真的危
险了。

埃　千万别说得如此断然！任何文明都认为自己已
经了解了真理，可是每一个新时期的新思想都
会引起巨大革新，所以我们应该保持谦逊谨慎。

贸然地认为之前的想法理论都是错的，真正触碰到真理的只有我们自己，这难道不是十分幼稚又自大吗？寻求真理固然是对的，没有人愿意歌颂谎言。但是，让我们也反思一下真理的基础，因为很明显，我们对它的称呼取决于与世界的关系，这种关系是建构的和多样的。例如，对古希腊诗人来说，真理首先是记忆。我们应该意识到，我们可能正在做出不同的选择。最坏的暴力就是否认不同可能性的存在。让我们永远不要害怕反思和思考，不要害怕质疑那些显而易见的事实。

赫 谨听教诲。但是让我们回到科学的话题，最终你能给我解释一下这些星系是怎样互相远离又没有移动的吗？

埃 问题的关键就在于，宇宙膨胀的本质其实是空间自身的膨胀。这些物体并没有真正地移动，是空间在不断膨胀。这个过程把这些星系给带动了。爱因斯坦向我们证明了空间是动态的，而我们就像被放在了扩张中的橡胶上一样。所以你看，对宇宙的整个理解都是基于广义相对论的，黑洞远不是其唯一的应用领域。

赫　但是在日常生活中，我们从没见过空间的扭曲呀。

埃　当你把一块石头扔出去，你可以看见它的轨迹是弯曲的……

赫　对，但是如果给石头更大的速度，那么它轨迹的弯曲度就会更小。所以这并不能解释石头轨迹的弯曲源于空间的特性啊。如果空间当真是弯曲的，那么我不可能在同一区域扔出两种不同弯曲度的轨迹。

埃　你说得确实很有道理。这就是为什么要讨论时空的曲率。当轨迹弯曲度大的时候是因为石头的速度很小，自然它就需要耗费更多的时间。而"真正"的曲率，即时空曲率，在所有情况下始终都是一样的。

赫　　就算是这样，但我们毕竟从来都没有观测到空间的运动啊。你说空间是运动的，时刻是变化的，但事实似乎并非如此。

埃　　这仅仅是因为空间是一个十分"坚固"的物体，想要扭曲它十分困难。我们把空间的波动称为引力波，引力波非常小，它引起的距离变化就好比原子大小之于太阳与地球的距离，细微到很难检测。这个我们后面还会谈到。

赫　　等等……你说的这些都还只是停留在理论计算阶段对不对？我们就没有一个明确的实验检测证据吗？

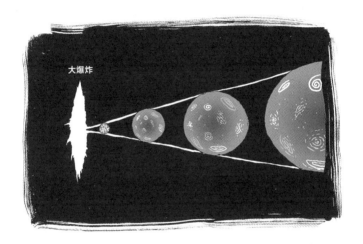

埃　当然有，广义相对论已经被现实严格地验证过了，而且有好多好多实验可以从各个方面来验证它。关于引力波的研究，也就是空间中的微小颤动，我们已经有大约40年的丰富经验了。在宇宙中存在一种致密的星体，它规律地自旋，像港口入口处的灯塔一样发光，它被称为脉冲星。脉冲星是散布在宇宙中的最精确的时钟。有时候，两个脉冲星不仅会自旋，还会相互围绕着旋转。这样的系统简直是验证相对论的绝佳场所！事实证明，我们测量到的它的运动结果与考虑到广义相对论中引力波影响而计算出的理论结果完美吻合！

赫　最近美国的 LIGO 和欧洲的 Virgo 不是直接捕捉检测到引力波的信号了吗？*

*LIGO 是激光干涉引力波天文台（Laser Interferometer Gravitational Wave Observatory）的简称，Virgo 指处女座引力波探测器。

埃　对！虽然我不能说这是一个比已有测量更"直接"的实验，但这确实是人类向前迈出的巨大一步。从来就没有所谓真正直接的观察，所以我们说是否更直接也没有太大意义。但是无论怎么说，这是一个完美的结果，也是一个确认黑洞存在的新的方式。这个信号我们无法用其他方式来解释。

赫　那我们从广义相对论中能学到什么呢？

埃　我们已十分有把握。但这是十分好的方式，能让我们从另一个角度去检验我们的理论。而且我们还做了一些新的实验测试，相对论都"轻而易举"地通过了这些测试。

赫　那么我们怎样设计实验呢？

埃　这要归功于稳定的高功率激光干涉仪，我们将激光束分为两个相互垂直的部分。每半束激光都要先传播几千米，然后被镜子反射，最后与另一半激光融合。如果有引力波通过，干涉仪臂的长度会发生改变，而这个长度的改变会引起最后的干涉条纹的变化。

赫 这真是十分复杂的测量。特别是如果我们考虑到引力波引起的长度变化甚至比质子大小还要小……

埃 这可以称得上是伟大的杰作，这也是为什么我们为了走到这一步耗费了几十年。但它是值得的，因为能够观测到两个黑洞融合的信号实在是太奇妙了，我们第一次把这个天体曼舞的绝唱记录在案。在融合的一瞬间，黑洞以引力波的形式释放的能量，可能会比整个可见宇宙辐射的所有光能都大，这个结果真是令人咋舌。崭新的天文学正在诞生。

赫 我想重新回到爱因斯坦的理论。你之前提到了水星，它在相对论的创立中也起到了很重要的作用吗？

埃 事实上，那是历史上第一次验证了相对论。水星沿着一个椭圆轨道围绕太阳运转。在牛顿力学中，这个椭圆轨道不会随着时间而改变（考虑了其他行星影响后），但是我们观察到的并不是这样：它每个世纪都会转动0.012度。

赫 我们可以测到如此细微的变化？

埃 实际上这个与牛顿力学不一致的微小转动，得归功于天文学家奥本·勒维耶在1859年所做的工作。根据爱因斯坦的理论，这个微小角度的发现是因为水星沿公转轨道转一圈到达与前一次相同的角度时，它与太阳的距离与上一次并不完全相同。这简直太精彩了，因为按照爱因斯坦的理论，我们就可以解释牛顿天体力学不能解释的问题。但是就如我之前跟你说的，在另一种情况下，新发现的海王星解释了天王星运行轨道偏差问题。我们可以看到其中的微妙之处：事实就是，我们真的很难弄清楚这些困难到底是源于我们的理论不完善，还是我们一开始关于宇宙的假设本身就是错误的。这个问题就跟我们今天遇到的暗物质问题很相似。

赫 暗物质，那又是什么？

埃 这又是宇宙的另一个大谜题。目前我们所能检测的宇宙物质其实只占很小一部分，还有大部分物质"逃过"了我们的眼睛。但是我相信这些物质是确实存在的，也可能这是我们运用不合适的模型推断出的错误结论。总之，我们应该考虑所有的情况……甚至可能出现范式转换，换言之，可能是一场影响我们对世界认知的全球革命。

赫　这种复杂性简直太令人陶醉了。我还有最后一个问题：你昨天说宇宙并不一定是无穷无尽的，但你又说它没有边界。相对论有助于更好地理解这个悖论吗？

埃　是的！即使大小有限，宇宙也没有边界。如果它有边界，那么边界的后面将同样是宇宙的一部分，因为根据定义，它属于空间整体。想象一个气球的表面：它只有 50 平方厘米的表面积，但是一只昆虫在上面爬，永远都不会抵达任何边界。

赫　啊，现在我明白曲率在这类问题中的重要性了：如果空间是一张纸而不是一个气球，没有边界之类的说法就不成立！这也是为什么我们说大爆炸是在所有地方同时发生的：如果我们想象气球从最小的初始状态慢慢充气、膨胀，这正好可以用来模拟原始的"爆炸"。在这个表面上，传统意义上的两个点的远近就毫无意义了。现在你告诉我，你的名字真的只是指你家乡的那些山脉吗？

埃　不仅仅是这样……埃拉伽巴路斯也是一位叙利亚王子的名字。这个民族此时正饱受战争的摧残，而我们如此冷漠。我这个名字也是想提醒大家能给予他们更多的关注。

狭义相对论表明空间和时间是相互联系的。时间可以膨胀，空间也可以压缩。去未来旅行也是可能的。

广义相对论表明时空是弯曲的、动态的。

宇宙的膨胀是空间的扩张而不是星系的运动。

近期对引力波的观测更是为黑洞的存在提供了新的证据。

本章要点

3

Quand l'espace-temps devient fou

一

时空何时变疯狂

赫卡忒和埃拉伽巴路斯在巴黎的小巷中漫步。微微细雨伴随身畔，这并不会让人不快，水汽让空气变得温润稠密。踱步之中，他们慢慢理解到，爱因斯坦的理论使黑洞变得更加美妙，并且让人们对黑洞的认知更加立体。

**Quand
l'espace-temps
devient fou**

赫　你还戴着你的耳机呢……来和我一起听听这首歌，皮埃尔·昂泰版本的巴赫《哥德堡变奏曲》。

埃　啊，那首被格伦·古尔德评为最好的歌曲之一……还有你上周听的那首里什泰的歌也相当好听。但我先听完我这首歌再说。

赫　你还是像往常一样在听达米安·赛斯的歌吗？

埃　没错！他简直是法国当代音乐界最优秀的诗人，用他的话说，是一个"无政府主义者"。《凶手》《祷告》《阿尔托的儿子》《探戈》……简直美妙无穷。

赫　特别赞同，你知道我明白你的感受。而且，音乐无疑也弯曲了空间和时间。一个被弯曲的世界也改变着下一刻的未来。

埃　但是拿这些来比较的话，黑洞弯曲世界的程度之大会让它永远是赢家。

赫　　然而，你说过任何有质量的物体都可以弯曲
　　　时空。

埃　　事实上，一颗行星甚至一块石头都可以弯曲空
　　　间，但是黑洞将这一作用的现象演绎到了极致。
　　　这非常疯狂！

赫　　那这种作用是针对时间的还是针对空间的呢？

埃　　两者皆有。现在，想象一下我们就在一个黑洞
　　　的旁边。

赫　　那我们会瞬间被黑洞吞噬掉。

埃　　不，那也不一定。

赫　　可黑洞会吸引我们呀。

埃　　我们已经说过了：地球靠着自身和太阳之间的引
　　　力围绕着太阳旋转，但地球不会坠入太阳。

赫　　确实如此，但是在我看来这怎么可能呢？这就是
　　　一个悖论。

埃　事实上，在牛顿力学中，我们可以说地球一直倾
　　向于坠落到太阳表面。如果太阳突然消失，地
　　球将会沿直线运动。这是一个最基本的物理学
　　定律：没有引力的情况下，一个自由物体将会沿
　　着直线运动，这个运动轨迹会遵循两点之间最
　　短的路线。因此每一个时刻，地球由直线变成
　　椭圆的轨迹都间接表明了地球落向太阳的趋势。
　　不过只有物体初速度是零（或者初始速度指向
　　太阳）的这种特殊情况下，它才会直接坠落到太
　　阳上。

赫　假如太阳突然变成一个黑洞呢，那将会改变什
　　么吗？

埃　那也不会有什么改变，就像我几天之前和你说的
　　那样。

赫　怎么会没有任何改变？我们将进入无边的黑暗，

我们的世界将会被无尽的寒冷侵占，任何生命都将在那一瞬间终止。

埃 那是当然！我们将会瞬间失去阳光和热量，但是从地球轨道这个角度来说，就算太阳变成黑洞，它的轨道也不会有丝毫改变。

赫 它难道没有一点落向太阳的可能吗？

埃 我认为我们已经回答过这个问题：它将围绕黑洞旋转，就像现在围绕太阳旋转一样。这是你所说的引力引起的结果，引力具有广泛的共通性。只要源头的质量、形状是一样的，那么引力对外物的作用效果将不会因为它们是什么而改变：恒星、黑洞或者巨型滚球，都是一样的效果。

赫 那么黑洞又有什么好研究的呢？

埃 啊哈，它有太多其他方面吸引着我们了，例如研究轨道十分靠近黑洞的情形——这种情况非常

Quand
l'espace-temps
devient fou

奇特。

赫 那会是什么样子?

埃 这就是有趣的地方。它的诡异与美妙已经完全超过了人类的想象。首先,在黑洞周围的星空图像将会被严重弯曲。星星的位置也和我们所预料的不一样。

赫 但是1919年爱丁顿证明广义相对论的那个实验,在没有涉及黑洞的情况下就证明了这一点啊。

埃 当然!是这样的,日食期间当太阳大部分光被挡住时,我们观测到某颗恒星的位置将会发生一个位移,而这个位移是牛顿力学计算结果的两倍。

赫 但是在牛顿经典力学中,并不存在时空弯曲这个概念,因此光线也不会偏移……它将会一直沿着完美的直线前进啊。

埃　这个我可不同意。我们已经知道，作用在物体上的重力场并不取决于该物体本身重量的大小。这一观点也同样适用于伽利略与牛顿的理论：他们知道不同重量的物体将会以同样的方式做自由落体下落。事实上，物体的运动只依赖于初始位置以及初始速度。这个原理同样适用于光，所以就算在牛顿经典力学中，光的传播同样会因为有重量的物体而产生偏移。但是如果我们进行更为精确的计算，就会发现在牛顿力学中，这个偏移角度和爱因斯坦理论中的角度并不相同。

赫　好吧。但是我仍然有一个问题：如你刚才所述，光线偏移的现象并不一定需要黑洞，也不一定非得用广义相对论来解释。而且这个偏离的数

值在牛顿力学与爱因斯坦的理论中的差距也并
不是很明显……

埃　尽管如此，在黑洞的周围，一切情况都会变得更
加复杂，更加瑰丽，更加奇异，而相对论自然而
然被运用到这种极限情况之中。我们将利用它
看见十分奇妙的景象。现在我不想把你弄得更
糊涂，但我还是得说明一下，我们必须首先明确
用什么样的方式去观察。

赫　对，但是只要我们的眼睛没问题，那么在同一时
间、同一地点看到的东西不应该也一样吗？

埃　并非如此！在黑洞视界附近，假如一个人正在落
入黑洞之中（我们称之为"自由落体"），而另
一个人坐在一台推进器上使他可以抵抗黑洞的
引力而不落入黑洞之中（我们称之为"静态运
动"），这两个人将会看到完全不同的现象，尽

管他们处于相同的时间、相同的地点。

赫　视界，用这个词来定义黑洞的表面真是不错。
我觉得广义相对论已经打破了我的习惯性认知。

埃　我无意冒犯，但实际上这类问题我们在狭义相对
论中已讨论过。

赫　那它们之间有什么区别呢？抱歉，我已经忘了。

埃　广义相对论是关于引力的理论，因此它将质量以
及能量对时空的影响也考虑了进去。狭义相对
论更简单一些：它与我们在学校中学习的物体
运动更为相似，只是单纯地考虑物体在平面空
间上的运动，这就意味着它忽略了空间的弯曲。

赫　你刚才说，在狭义相对论中，就已经出现了奇怪
的感知效果？

埃　确实如此。想象一下，一艘太空飞船加速到接
近光速将会是什么样的场景？

赫　啊，我知道。那将会像《星球大战》中的场景一样，络绎不绝的星星将飞速从太空舷窗外划过。

埃　实际情况可不是这样哟。事实上，在逐渐加速的过程中，我们反而会有倒退的错觉。你会发现整个天空都集中于你面前的一个点，这个点将会变得极其明亮而其他地方将变得黑暗。我们甚至还可以看见我们身后的物体。随着参考系改变，观察的角度也会改变。所以就算没有引力作用，星体的位置也会自然而然发生偏移。除此之外，物体的颜色也会随之改变，我们前面的物体将会蓝移，后面的物体将会红移。* 所以这不仅是几何学而且也是光色学上的一个变换影响。

> * 蓝移，指波长变短，颜色变得靠近蓝色；红移，指波长变长，颜色变得更靠近红色。

赫　黑洞把一切简单的东西都给弄复杂了，我都快要迷失在这黑洞里了……

埃　可别！让我们回到正题，不讨论那么复杂的细节了。

赫　那我们会讨论进入黑洞里的情况吗？

埃　你看，你又来了！黑洞的外边就够让你意想不到了。比如，因为黑洞的存在，每颗星星都会生成多个图像。

赫　我觉得这个我是明白的。光线可以沿着直接连接星星与观察者的直线传输到观察者的眼中，也可以沿着被黑洞严重弯曲的空间传输到观察者的眼中。因此，最后我们会看见同一颗星星出现在两个不同的位置。

埃　实际上，即使是最直接的光轨迹，也不像我们想的那么笔直，因为黑洞多多少少会影响周围的空间。但是你说得有道理，相比于从黑洞后面绕过去的光束的轨迹来说，其他光的弯曲度是

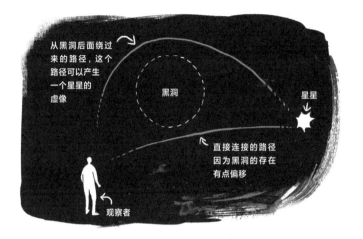

从黑洞后面绕过来的路径，这个路径可以产生一个星星的虚像

黑洞

星星

直接连接的路径因为黑洞的存在有点偏移

观察者

非常小的，但它们仍然能够成多个像！让我们
再想想：当一束光经过黑洞附近时会发生什么？
自然，如果这个光子，也就是组成光线的颗粒，
直接射向黑洞，那么它将跌落进黑洞并且无法
再逃逸出来，这就是黑洞的定义。但最有趣的
一点是，即便光子从黑洞边上掠过，它仍然会被
黑洞吸收进而消失在黑洞之中。实际上我们可
以定义一个临界距离，当光子与黑洞的距离大
于这个临界距离时，它不会落入黑洞的魔爪；相
反，当小于这个距离时，它将被黑洞吞噬。此
外，当光子从黑洞的引力中逃脱时，由于黑洞的
作用，它的轨迹也将会发生巨大变化，例如它会
转半个圈然后奔向跟来时完全相反的方向。

赫 那么当光子正好处于这个临界值时又会怎样
呢？它到底是会远离黑洞还是被黑洞吸收呢？

埃　真是十分敏锐的物理直觉啊，这将会是另一种非常奇妙的情况！它将会被黑洞束缚在周围，并且一直围绕黑洞旋转。倘若它真的能一直处于这样一个临界值，那它将永远围绕黑洞旋转，这就是我们所说的"光子球"*。

赫　我们可以计算这个临界距离吗？

埃　当然可以，虽然这个数值不是很直观，不过如果你知道一点关于广义相对论的知识就可以轻易地将其计算出来。它等于黑洞半径的一半乘以 $\sqrt{27}$。十分奇怪，是不是？这么算来，光子球与黑洞的距离就差不多是黑洞半径的1.5倍。这些数值其实无关紧要。最重要的是，在牛顿经典力学中，这类光球

> * 光子球（photon sphere）是个零厚度的球状边界。在此边界所在的位置上，黑洞的引力造成的加速度，刚好使得部分光子以圆形轨道围着黑洞旋转。这个轨道不是稳定的，会随着黑洞的成长而变动。黑洞外围假想表面是包覆着的光子球层，如果光线与光子球层以切线方式擦身而过，引力便能抓取其中的光子，使之沿着光子球层永远绕着黑洞旋转，就像卫星绕地球旋转一般。科幻电影《星际穿越》中有对光子球层的呈现。

的存在是被完全否决了的，它只在有黑洞和广义相对论存在的条件下才会出现。

赫 这和产生多重成像有关吗？

埃 当然有关了。任何光子都不可能一直被黑洞束缚在其临界距离的光子球当中。在某一时刻，它要么跌入黑洞当中，要么逃离黑洞的束缚。在后一种情况中，它将会产生幽灵一般的多重成像。

赫 嗯……这个幽灵世界，可真是既迷人又可怕！

埃 确实如此！由于每一颗星星发射出的光都有几束十分接近临界距离，这些光将会在一段时间内被黑洞束缚在我们之前所说的"光子球"当中，同时也将会在黑洞周围产生十分壮观的光晕。

赫 就好比我们的钻石项链一样？

埃　现在想象一下，把一个黑洞放在你和光源之间。你将会看见十分惊人的现象：一个个小光点像珠子一样围绕黑洞排列。这表明光线在到达你的眼睛之前整整绕了一个圈，很明显这种光路径在牛顿力学中是不可能存在的。由于黑洞周围空间的弯曲，所以"钻石"几乎不发光且"链子"也十分纤细。黑洞这时候就如同一面"减光镜"，它把亮度调小了。这种令人眼花缭乱的美丽景象着实罕见……但是最不寻常的是，还存在无数个同心圆项圈，构成它们的光进入你的眼眸之前，已经围绕着黑洞转了两圈、三圈、四圈……但是如果你想看见这些"变化的幽灵"，你就需要一副强力的双筒望远镜，因为它们的光其实非常微弱。

赫　如果我们处在黑洞周围的稳定轨道上，即像我们之前所说的那样圆形或椭圆形的轨道,我们会看到什么?

埃　那我们所探索的世界将会更加变幻莫测,而且这是一个动态的过程。当恒星远离黑洞向相反的方向移动时,黑洞周围将会出现一个能够呈现整个星空的小圆盘,而且这个圆盘会沿着相反的方向旋转。这让人晕头转向,但也让人十分心动。

赫　似乎光速才是唯一永远保持不变的东西!现在看来至少还有些东西是不变的,这可真是幸运。

埃　可以说是,但也不一定……

赫　你不会告诉我光不再以光速运动了吧?

埃　事实上,如果我们进行局部测量,一切都将变得很简单:光总是以相同的速度传播。如果我拿着一把尺子和一块手表站在任何地方,测量从我旁边飞过的光子（一道光线）的速度，都将是相同的值。这是物理学的基本常数。但是，如果我进行整体测量，比如我们朝向镜子发射的激光，等它被镜子反射之后我们再次测量来确定往返的时间，我们会发现，如果光接近黑洞，就会急剧减速！这个过程被称为夏皮罗时间延迟效应，它存在于任何质量的物体中，并已通过太阳进行了测量。

赫　光是唯一受时空变幻无常影响的东西吗？

埃　不是的，你可以想象我们往黑洞中扔一块石头。

赫　一块石头？哈哈，那我还更想丢一块移动硬盘呢，硬盘里装满被金融大鳄压榨得欠了一屁股债的穷人名单。

埃　啊哈，这可真是个好想法！但它会怎么样呢？假设现在你所在的飞船拥有足够的动力，使你能

**Quand
l'espace-temps
devient fou**

待在黑洞视界附近而不被黑洞吞噬，你将会看到这块硬盘加速坠落入黑洞。而当它进入黑洞的时候，它必然拥有最大的速度，那便是光速。

赫　这听起来并不令人惊讶。

埃　是的，这听着确实没什么新鲜的。但是现在，假设你离得很远再去观察这个景象，你将会发现，硬盘最开始会慢慢加速，就像我们之前说的那样。但是，当它接近黑洞周围时，你会发现它在减速，并且在它接近黑洞视界时，你将确确实实地看见它的速度降为……零。通俗地说，这种情况和我们之前所说的完全相反：不再加速到速度最大值，相反，它呈现的是物体将减速到最小值。

赫　那么这两种说法到底哪个对呢？

埃　我想，答案不用我说你也知道了。

赫　实话说，我真的很喜欢相对论。世界在它面前变得更加丰富多彩。

埃　确实如此。这两种说法都是正确的，没有哪一个比另一个更接近真理。这恰如我们之前描述的狭义相对论的情况。如果你现在坐着高功率火箭推进器绕圈圈，这种火箭推进器是我们假想的，它比当今世界上最高功率的推进器还要强大。那么你的一年就会是地球上的一百年。那么问题来了——"事实上，这到底是一年还是一百年呢？"没有统一的答案。对地球来说，它度过了一个漫长的世纪，但对你来说，仅仅只有一年。

赫　那这块硬盘到底落入黑洞了吗？

埃　从硬盘的角度来看，是的，它会落入黑洞之中。在它的参考系下，当有限时间结束时，它已越过了黑洞视界。但是对于一个遥远地方的观察者来说，情况又会稍微复杂一些。事实上，由于硬盘在接近黑洞的过程中不断减速，所以它不会落入黑洞之中，但它仍然会扩散、展开，也就是说它会变成一张覆盖黑洞的煎饼。最终它会与黑洞视界几乎融为一体，使黑洞看起来变"胖"了。

赫 如果硬盘配有发光的 LED 灯呢？如果像遥远的观察者所说的那样，它没有进入黑洞，那么人们应该可以一直接收到它发出的光。但是如果它进入了黑洞，那就不再是这种情况了，我们将接收不到光。因此这两个情况还是存在矛盾啊。

埃 不，在遥远观察者的描述中，即使它在黑洞之外，它如此接近黑洞视界时引力已足够大，使我们看不到任何光线了。因此我们还是看不见的。

赫　这解释可不怎么清楚！简直和你说的黑洞一样难懂。

埃　我怎么觉得你在夸我啊。不过你说得有道理，我应该好好解释。我所说的效应就是引力的红移。为了向你解释，我先问你一个问题：你知道对你的头和脚来说，时间流逝的速度是不一样的吗？

赫　这就是我总摔伤脸的原因吗？

埃　那应该不是。因为我们在地球上，这个影响几乎可以忽略不计，但差异确实存在。更严格地说，在不同强度的引力场下的两个时钟，它们的时间流逝速度不同。这就是我所提到的现象的根源。我们来假想一下，在非常接近黑洞视界的地方，那里的引力场很强，我们在那个地方发射一束光波。因为我们假设它就在黑洞视界附近，所以就像之前提到的 LED 硬盘一样，当这束光波要逃离黑洞时，将会发生时间膨胀，从而减缓它振动的频率。但是波振动的频率越小，它的能量也就变得越小。从这个意义上说，它几乎没有了能量，变成不可见的了。

赫 我喜欢这种多样性背后的统一。我在互联网上发现了关于埃拉伽巴路斯的十分负面的信息：他是个堕落的皇帝，荒淫无道。跟我说说，这也是你想赋予自己的形象吗？

埃 当然不是。互联网作为一座巨大的知识宝库，同时也是滋生所有诽谤以及隐匿小人的地方。毫无根据的恶意可以在这里毫无代价地一直传播下去。其实，埃拉伽巴路斯并不应该背负这些骂名。但最重要的是，你应该阅读那本叫作《埃拉伽巴路斯或无政府主义的王冠》

（ *Héliogabale ou l'anarchiste couronné* ）
的书。这是20世纪最疯狂、最杰出的诗人安
托南·阿尔托的一本难以置信的书。诺贝尔文
学奖获得者克莱齐奥写道："这是一部最具暴
力艺术的文学作品，我的意思是一种美丽而又
能带来新生的暴力。埃拉伽巴路斯生于精子的
摇篮，死于血的枕头，是我们世界的黑暗的英
雄。他的传说是充满邪恶和憎恨的。……这是
一个传教式文本：作为异教徒祭司和14岁的罗
马皇帝，埃拉伽巴路斯同时宣告了《塔拉乌马拉
人》（ *Tarahumaras* ） * 的 太 阳　**均为阿尔托的作品。**
仪式和《梵高，社会的自杀者》（ *Van Gogh le
Suicidé de la société* ） * 的献祭，以及疯子
阿尔托（ *Artaud le Mômo* ） * 走下地狱的经历。
在成为加冕炼金术士之前，埃拉伽巴路斯是无

政府主义者。……谁没有阅读这本书，就没有触及到我们野生文学的最底层。"

赫 我开始明白你为什么中意这个名字了。所以我必须学习黑洞，还要学习诗歌？或者说是哲学和绘画？

埃 那倒不是，这也不是你必须去做的。但是，我的确会竭尽全力地建议你这么做。此外，苏拉热 * 那些巨幅壁画不也是在历史上留下的最强烈的黑色颂歌吗？

> * 皮埃尔·苏拉热，法国画家、雕刻家和雕塑家。

赫 也许吧。但是不要忽视戈雅 ** 的黑色时期……而且，我也有很多东西可以教你。我觉得你也同样会把某些事情神圣化，忘了从事情中抽离出来。放轻松点。

> ** 戈雅，西班牙浪漫主义画家。

黑洞使光能拥有在其他任何情况下都不存在的传播路径。

在黑洞表面上的时间膨胀是"无限大"的。

黑洞周围的天空是我们意想不到的景象，尤其是我们可以看见"光子球"以及每颗星星拥有的多重（理论上是无穷的）成像。

本章要点

4

Voyage à l'intérieur du trou noir

一

黑洞中的旅行

赫卡忒和埃拉伽巴路斯坐在吉卜赛朋友的营地上。孩子们的笑声从远方飘过来，空气中飘浮着自由的气息。他们将尝试了解黑洞的内部结构。与这个主题相关的强烈兴奋与热情大大掩盖了这个主题的难度。

赫　　你昨天说的事情里还有两件让我有所疑惑。

埃　　就只有两件事吗？

赫　　我们先从这两件事开始。首先，你说当我们进入黑洞，穿过它的视界时，我们没有任何特别的感觉。真的是这样吗？我们真的什么都感觉不到吗？

埃　　我没有说靠近黑洞的时候什么都不会发生，我只是强调在通过它的过程中并没有什么特别的感觉。这是一个已经讨论了很长时间的观点。黑洞视界是黑洞方程式里一个特殊的点，这误导了包括爱因斯坦在内的很多人，让人们以为时空在这里会以某种方式"撕裂"，而如果真是这样，那么我们的旅程显然会在这里戛然而止。后来我们才意识到事实并非如此。让我们产生恐惧的只是书写方程的方式，而非空间本身的

性质。当我们进行精确研究时，可以很容易地
证明，从黑洞的外部进入内部时，并没有什么特
别的事情发生。视界不仅没有物质性可言，更
不会让我们感到痛苦。但这并不意味着你什么
都感觉不到。

赫　　怎么会这样？你已经说服了我：如果我从飞船上
　　　跳进黑洞，因为我正在坠落，所以我应该感受不
　　　到万有引力。我就这样漂浮在太空中，没有受
　　　到任何力，是一个自由落体过程……而且既然
　　　你说视界缺乏物理上的一致性，那我真的不知
　　　道我还能感受到些什么。

埃　　是的，除了一个被称为"潮汐效应"的细节。

赫　　我丝毫看不见潮汐和黑洞之间有什么联系。

埃　　那你知道为什么地球上的海洋会有潮汐吗？

赫　　大概知道那么一点。潮汐产生原因在于月亮，

月亮对地球一侧的拉力要大于另一侧。

埃 是那么回事，但又不准确。的确是月亮导致了
这种现象，但事实上，它相当于创造了两个水
袋：地球是这两个水袋的平衡中心，一个水袋
挂在地球靠近月亮的一侧，另一个水袋挂在地
球远离月亮的一侧。以一种形象的方式说：地
球和月亮的平衡是因为引力与离心力正好抵消。
在靠近月球的那一侧，水被"吸引"，因为这一
侧更靠近月亮所以引力要大于离心力，而在另
一侧，水被"击退"了，因为引力不如离心力
那么大。这巧妙的布局完美地创造了两个水袋。
因此，地球因月亮而被拉伸。根据物理定义，水
是液体，是流动的，所以我们可以很清晰地观察
到它的运动。

赫 那这和我跳入黑洞又有什么关系？

埃　同样，你会感受到这种拉伸的效果。想象一下，你头朝下潜水，那么你的头将会比你的脚受到更大的吸引力。因此你会感受到某种程度的拉伸。

赫　话虽如此，但我可没有泰坦巨人一般巨大的身体！我头脚之间的引力场的差值毫无疑问是可以忽略不计的。这个我们昨天不是已经讨论过了吗？

埃　是的，如果你只是跳向地球或太阳，那你的身体伸展确实是微乎其微的，这偏偏就是黑洞的独特之处。有的黑洞的密度特别大，会使这种潮汐效应也变得非常大，大到甚至可能会以人类无法想象更无法承受的某种方式将你撕个粉碎！

赫　但前几天你说过，黑洞并不一定是高密度的。

埃　这正是问题所在。对于密度非常低的大质量黑洞，外部潮汐效应仍然可以忽略不计，因此在穿过它们的视界并在其内部继续旅行很长一段时间里可能都不会受到任何伤害。相反，对于高密度的小质量黑洞，潮汐效应可能变得非常强烈，甚至会让你在视界以外丧命，这趟旅行可能会在你到达黑洞之前就提前结束了。

赫 好吧，我明白了。所以可能杀死我的是强大的潮汐效应而不是黑洞视界。而且这一时刻也会视不同情况而定，既可能是在我到达视界之前也可能是之后。那么为了活得久一点，我还是选一个大黑洞跳吧。

埃 没错！我们还可以计算出你在黑洞中能存活的时间。如果它的质量像一颗恒星，这个时间就会很短。而且，正如刚才所说，我们在进入之前就会死去。

赫　等等……现在回想起来，我觉得我们从来没有进去过，我们将会在黑洞表面上拉伸、展开，就像一张煎饼，减速，变暗。这下我是真的糊涂了。

埃　是的，这就是如果一个遥远的天文学家观察你跳向黑洞时会看到的情况，他永远都不会看到你穿越甚至到达黑洞视界。但是对你自己而言，你看到（和经历）的是完全不同的，你确实以高速进入了黑洞！如果这个黑洞质量是太阳的几百万倍，就像我们银河系中心的那个黑洞一样，那么你还可以在通过视界后拥有几秒钟的生命，时光短暂。但如果我们想象一个更大的黑洞，比如相当于几十亿个太阳质量的黑洞，那你就会有几个小时的生命。

赫　你会选择跳向黑洞吗？

埃　我不知道。即使做这项实验是崇高的，我也不

可能逃到黑洞外面并与亲人分享这些，也没有
机会写一篇文章来分享我的事迹。所以我想我
没有勇气这么做。

赫　要是我嘛，我会跳，这我很确定。不管事迹能
否被分享，不管生命是否只有一瞬间，我只要生
命能够绽放光芒。你能理解吗？生命会如此美
好……但是在黑洞中心会发生什么？

埃　啊，那将是结束。

赫　我会碰到什么东西？此外，所有已经进入了黑洞
的东西在哪里？所有坍缩并创造了黑洞的物质，
它们必定还存在于某个地方。

埃　在这个问题上，广义相对论——爱因斯坦的伟大
理论——已经解释得很清楚：一切都集中于黑洞
中心的一点。

赫　你是想说，有那么一个无限小的区域，甚至比一

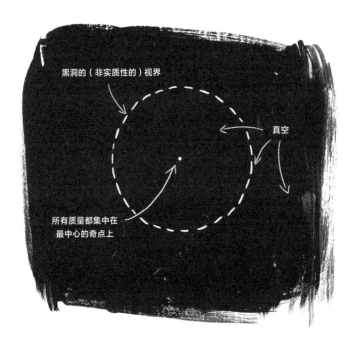

黑洞的（非实质性的）视界

真空

所有质量都集中在
最中心的奇点上

个原子还小，其中包含着数十亿千克的质量？

埃　是的，事实上黑洞内部除了那个包含所有质量的点外其他的地方都是空荡荡的。

赫　有如此庞大的质量却是这么一个小不点儿……如果我没有弄错，这将会是无穷大的密度！要是撞上了它该多疼啊！

埃　没错，并且情况甚至会更糟：这一次，它会引起真正的时空灾难。而与视界的效果不同，视界的灾难性特征只是我们人为想象的，但在黑洞的中心，这个效果却是真实的：它是一个"奇点"。一切旅行终结于此。

赫　这究竟是什么意思？

埃　时空的弯曲将变得无穷大。我们来更精确一点，假设我们的黑洞是最简单的类型：它不会旋转也不带电，这被称为史瓦西黑洞。在这种情况下，奇点拥有一个令人匪夷所思但十分清晰的含义：它是时间的终点。

赫　　哇哦，这不就是科幻小说吗？

埃　　这当然是一个科学猜想，因为没有人可以去证实我跟你所说的这一切。但是无论如何，目前来看爱因斯坦的理论仍然是最适合我们的理论，该理论也是被证实过的。"奇点"并没有空间上的定义，它最重要的意义是定义了时间在此处的终结。

赫　　对我来说这可不太好想象。

埃　　对我来说同样困难！当你进入黑洞时发生了一些不可思议的事情：一旦你越过视界，时间和空间之间可以相互转换。这不只是个简单的隐喻——尽管恕我直言，隐喻常常是了解其他事物的最准确、最宝贵的途径——从纯粹数学角度来说，当我们注视方程时，这就是我们看到的东西。

赫　但是，如果我们坚持用自己的手表测量，我可以打开我的火箭发动机或者我的喷气背包，以抵抗引力并且阻止我向黑洞中坠落，那我是否可以活得更久一点呢？

埃　不可能。在黑洞中没有什么能保持静止。无论消耗多少能量，你最终都会坠入中心奇点。

赫　我至少可以通过减缓下落速度从而推迟死亡来临的时刻吧。

埃　不可能。无论你做什么，即使你打开你的发动机来推动你自己，试图远离黑洞，结果只会加快这个过程！放弃挣扎，才能最大限度地延长你在黑洞中的生命。

赫　太可怕了。如果我在黑洞中打开我的激光笔并将光射向黑洞外，那么光会发生什么？

埃　你觉得呢？

赫　光不可能出得去，我的意思是说它将会与黑洞视界相碰撞，然后返回到我的面前。

埃　不是这样的，虽然你说的在某种意义上正确，放在另一种意义上也可能成立。黑洞的视界其实并没有特殊之处，它不是一个反射镜。当你在黑洞内向外部射出一束光的时候，光也会向内移动。即便它"试图"走向视界，但实际上却是朝向中心运动的。

赫　说到底，这就好比逆流而上的鱼无法游得比水流快一般。

埃　就是这样。

赫　但是如果我们顺着这个逻辑走，那就表明这个流体流得……比光还要快！这是不是就出现了一

个小问题？我知道在物理学中有一件事是肯定
的：没有什么东西的速度比光速还快。

埃 在这里，我们正面对着黑洞所有的美丽与奇妙。
这里的答案绝对不会那么简单。另外，我们是
不是应该对自己跳入黑洞的速度提出同样的问
题？在黑洞内你的运动速度是否比光速还快？
从某种意义上来说，是的！计算上也证实，当我
们使用所谓混合坐标时，确实如此。而且我说
过，在你穿过黑洞视界的时候，由同一位置观察
者测量到的你的速度，就已经等于光速。而且
引力在黑洞内部还会继续增强，很明显你的速
度也会继续增加。我们还可以用黑洞的半径除
以时间（这个时间就是通常意义上由你的手表
测量的值，是从视界到达中心的时间）：用距离
除以时间正是速度的定义，这就是为什么我们

　　日常中会说千米/小时。而我们也发现计算后的速度是大于光速的。这一切都是正确的。但另一方面，如果你在下坠过程中碰到一个光子，你会看到它仍在以正常速度运动，也就是真空中的光速，我们在物理中称其为 c，是一个不变的常量（约每秒30万千米）。即使在黑洞中，光仍然是以这个速度在运动。

赫　真的是，相对论跟它的名字完全相符。在我坠落过程中我会看到什么呢？我听说黑洞有一个包裹效应，即它会占据我视野中所有的天空，而我还没有进入。真是这样吗？

埃　这里同样需要说得仔细一些。事实上你所描述的这一切，是一个能利用发动机来在黑洞附近保持相对静止，从而不坠入黑洞的观察者所能看到的。

**Voyage à
l'intérieur du
trou noir**

赫　你不是刚刚才说这是不可能的吗？

埃　我说的是这在黑洞内部是不可能的，并不包括外部。在外部，只要我有足够强劲的推动器，我就可以抵抗黑洞的引力从而保持静止。在这种情况下，一切都会出人意料。这样一个静止的观察者，即使他在黑洞视界之外，仍会看到几乎蔓延到整个空间的黑洞，只有通过一个非常明亮的小圆盘才能看到天空。

赫　在穿过黑洞视界之前，即使我看到的黑洞就像一条毯子，那也是一条美妙的毯子！

埃　但要注意，这只适用于静止的观察者。对于正在下落的你来说，至少你不会看到我们所描述的这种情况。但我觉得你看到的会更漂亮。正如预期的那样，当你靠近时，黑洞在空间的蔓延会越来越迅速，而天空的其余部分也会变得更

暗，最终形成一个越来越薄且越来越亮的发光环形区域垂直出现在你坠落的方向。

赫 这是为什么呢？

埃 直觉上讲，我会说它是广义相对论和狭义相对论之间的竞赛。

赫 爱因斯坦与爱因斯坦的较量吗？

埃 更恰当的说法是时空弯曲效应对抗多普勒效应。在朝向黑洞的方向上，时空的弯曲导致了黑暗：光线的轨迹不能通过那里，没有什么东西可以从黑洞中逃出来，所以它才是黑色的。但在背离黑洞的方向上，多普勒效应导致了一个近乎黑色的宇宙：当一个光源快速离我们而去时，从它的位置传播到我们这的光几乎没有能量，它自然而冰冷地变暗。

赫 我不太明白什么是多普勒效应。

埃 简单来说，当一辆汽车开向并接近我们时，其发动机的声音变得更加尖锐。同样地，当你快速远离星星时，它们变得越来越红，然后几乎变成黑色。

赫 那当我们接近黑洞时，我们将完全处于黑暗之中吗？

埃 不会的。在这两个黑暗区域之间，会有一道薄薄的异常明亮的光环出现在我们的视野中。这是我们在进入奇点前，也就是到达时间的终点前，看到的最后的景象。

赫 真是恢宏。

埃 非常脆弱，却也非常震撼。

赫 你看，我选择跳向黑洞是个明智的选择。

埃 而且我们并不确定我刚刚向你解释过的一切是否正确，也许它还更加精彩呢……

**Voyage à
l'intérieur du
trou noir**

赫　这种数学语言与其他任何语言相比，对现实的揭示更奇异、优雅、变幻莫测也更迷人心窍。

埃　我想我知道了，但我还是希望你能在跳之前再考虑一下。

赫　不要忘记，在古希腊，我是月亮女神。赫卡忒是塔塔鲁斯的女儿，黑暗对我来说几乎没有秘密……最后一件事：在黑洞中，空间很小。一个太阳质量的黑洞直径只有几千米。为什么有些人想从中看到"婴儿宇宙"？

埃　事情并非如此简单，甚至物理学家们也在为答案争辩不休。关键点在于，如果我们天真地使用通常的外部坐标测量的黑洞直径，运用大学里学的计算球体的公式来计算黑洞体积，其结果对黑洞真正的内部体积没有任何意义。

赫　你想说在黑洞内部还有空间？

埃　是的。事实上，如果我们对黑洞的内部体积进行合理定义，它就会随着时间的推移而变大，虽然我们从外面看到的黑洞大小是固定不变的！如果我们等待足够长的时间，一个外径为几千米的恒星黑洞，实际上可能拥有着比我们整个可见宇宙还要更大的内部体积。

赫　这黑洞显然既深不可测又令人着迷。我乐于想象它们是正在生成的潜在的宇宙。

黑洞的内部是空的，所有的质量集中于一点——奇点。

在黑洞内部的某一处保持静止是不可能的。一切都会被无情地摧毁于奇点处。

本章要点

对于一个简单的黑洞——所谓的史瓦
西黑洞，这个奇点就是时间的终点。时
间和空间可以在黑洞中相互转换。

一旦越过视界，即使从黑洞内部
向外射一束光，它也会向黑洞中
心移动。

一个从外部看上去较"小"的
黑洞，内部可能别有洞天。

5

Le
trou
noir
toupie

一

黑洞的旋转

赫卡忒和埃拉伽巴路斯坐在埃拉伽巴路斯的私人图书馆中。古书洋溢着甜蜜又醉人的芬芳，借由书籍的帮助，他们将一步步理解黑洞的旋转特性。他们会发现，一点点简单的旋转将改变一切……

**Le trou noir
toupie**

赫　你的黑洞在我的脑海里一刻也不消停,不过我没有因此觉得不高兴。

埃　我很高兴。不过你也没必要为了这个发愁,因为假装自己很懂是自欺欺人的,寻求真实总是复杂的。

赫　但是,比方说哲学,难道它不是要解释、澄清、整理我们的观念和想法吗?

埃　当然,哲学是可以做到这些的。但在这里,我想让自己当一回多元化的信徒,因为没有什么比科学想法或哲学想法的单一化更糟糕的了。对物理学来说,多元化研究是至关重要的:一些研究人员非常严谨,他们很愿意耐心地探索经过充分测试的模型的计算结果,其他人则更喜欢冒险,喜欢大胆想象和大胆批判的方式。这种多元化的期望和方式,才是让物理学保持长盛不衰的秘密。

赫 但是在你的图书馆中，我看到了哲学家雅克·德

里达 * 的所有作品，他是解构

和传播哲学的思想家。我看

* 雅克·德里达，20世纪下半期最重要的法国思想家之一，西方解构主义代表人物。

到在你摇摇晃晃的书架上陈列着不同艺术家的

各种书籍，犹如天空中的耀眼繁星。但为何唯

独没有分析哲学？真是有点可惜啊！

埃 那你是没有仔细看。好好看，它们就在那儿，虽

然不太容易找到。我觉得，现象学传统借助其

文学性甚至是诗意的维度，捕捉到了所概述的

每一个问题的巨大复杂性，而这些问题是盎格

鲁-撒克逊传统哲学有时所忽略的。不过后者

在其他方面成果颇丰，我无意诋毁。不要追随

那些思想狭隘的人，这些人成天叫我们站队，他

们眼中看到的东西非黑即白，毫无过渡地带。

**Le trou noir
toupie**

他们也从不因瞧不上自己不理解的东西而感到懊悔。他们的人生其实很可怜。

赫　你说得确实有道理。有些哲学家建立了体系，另一些指明了紧张关系；一些澄清了困惑，另一些则强调澄清是过时的，多元化才是无可取代的。我坦白德里达的谦逊让人不适，这种谦逊和他本人也不大协调，但这并没有让我忽视他的理论。总的来说，黑洞对于现在的我来说仍然有一些陌生和奇异。然而，就复杂性来说，昨天你说我们研究的都是简单的黑洞——史瓦西黑洞。所有的黑洞不都是这样吗？

埃　事实上，几乎没有一个黑洞是这种最简单的模型。在现实情况中，我们完全有理由相信，与其他星体一样，大部分黑洞都是有自旋的。

赫　真是奇怪，它们为什么要旋转啊？

埃 为什么不呢？我想说的是：在所有可能的速度里面，零速度旋转（没有旋转）是极端特殊的情况，这是一种基本不存在的情况。在这个空间中没有摩擦，物体只能延续它的初始旋转速度。当恒星与行星形成时，它们是在自然旋转的。若一个恒星坍缩成黑洞，那么它将不可避免地开始旋转。事实上，最近 LIGO 的引力波探测数据表明，它所观测到的黑洞除了相互围绕旋转外，确实也还在自旋。

赫 那这一点会产生很多影响吗？

埃 当然！首先，对于一个旋转的黑洞，它有两个视界。在事件视界（也就是我们一直谈论的那个）内部，还存在着一个柯西视界。当我们靠近这个所谓的柯西视界，我们并不知道会发生什么。在某些方面它仍然充满神秘。

**Le trou noir
toupie**

赫　如果我们不了解它，为什么还要讨论它呢？

埃　我们还是知道不少关于它的事情的。例如，存在
一个最大的旋转速度，我们有理由相信现实中的
黑洞旋转速度相当接近这个速度。在这种情况
下，我们讨论的就是极限克尔黑洞，而这种黑洞
的柯西视界与事件视界重合，此时这个新的视界
与不旋转的史瓦西黑洞的视界位置并不相同。

赫　这听起来还是太专业了。数学有没有告诉我们
其他可以描述这种克尔黑洞的东西呢？

埃　当然有！度规，就是描述时空几何构造的量，如
果你愿意也可以说是几何学，先将时间坐标与
角坐标相乘……

赫　停！你别自顾自说话！说得通俗易懂点，谢谢！

埃　好的，简单来说，这意味着空间被黑洞的旋转给
操控了。在最简单的黑洞——史瓦西黑洞周围，

如果我们想保持静止不动，就需要打开我们的推进器给予推力，以防坠入黑洞之中。当然我是指待在黑洞外部，因为在其内部是不可能保持静止的。我们现在讨论克尔黑洞，也就是旋转的黑洞，如果我们想在这黑洞边上保持静止，我们还需要第二个推进器来阻止旋转。这意味着黑洞周围的空间也在旋转。参照系产生了连锁反应。

赫　那我们可以一直对抗这个效应吗？

埃　好问题！在这里又会出现一些非常特别的东西。克尔黑洞的视界（更普遍地说是所有视界）对应于度规中空间变得无穷大的地方。但还有另一个具有重要物理意义的表面，我们称之为"静界"，它代表着时间趋向于无穷大。

赫　你今天讲了太多数学知识了，好烦人，你想说的是什么？

埃　是这样的，我们关心的这个区域相当有趣，它位于黑洞视界外部，但又在静界内部。它被称为"能层"。严格意义上说，它在黑洞的外部（因为它在视界之外），但这里发生了奇怪的事情！我们不可能在这个位置上保持静止。无论我们的火箭推进器的动力有多大，空间驱动都是这样的，没有什么东西可以阻止旋转运动。事实上，我们再怎么努力都没用，决定我们旋转速度的始终是黑洞，我们在这儿完全被时空支配，任其摆布。虽然这是发生在黑洞之外的事情，但我坚信，这才是真正新奇的地方。

赫　那对光而言又是如何呢？

埃　一样的。即使光朝着与旋转方向相反的方向发射，它也会被空间的驱动带走，并最终沿着与黑

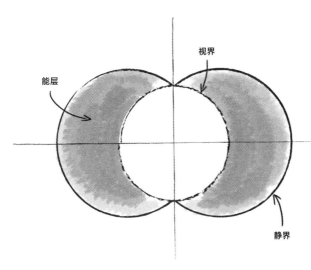

Le trou noir
toupie

洞相同的方向转动。而且当它到达视界时，无论其发射方式如何，始终具有相同的角速度。从远处测量，在疾速旋转的黑洞的静界位置，光的初始速度甚至是……零！我们可不是每天都有机会看到光线静止。

赫 确实令人印象深刻。对旋转中的黑洞来说，会出现和在史瓦西黑洞上直线坠落的石头一样的情况吗？从远处看，石头会减速并在没有进入黑洞的情况下在其表面上扩散？

埃 这一次，对于旋转的克尔黑洞来说，石头会螺旋旋转并永远转动下去，它会非常接近视界，这是遥远的观察者所看到的。从石头本身的角度看，它确实会进入黑洞。

赫 那么中心呢？在它们的中心，旋转的黑洞和静止的黑洞一样吗？

埃　不一样。奇点，这可以将一切可测量的物理量变
　　为无限（也可以说是灾难）的地方，是非常不同
　　的。在史瓦西黑洞中，奇点是不可避免的。最
　　终被它困住是卷入黑洞的所有东西的宿命。在
　　克尔黑洞中，情况就有点不太清楚了。奇点在
　　此变成了环状：戒指的形状。而这改变了一切：
　　这样一来，从原则上说，奇点成了可避免的。

赫　所以你能猜到我会问你什么……

埃　显而易见，你会问那些设法避开了奇点的千里眼
　　旅行者会发生什么？最简单、最诚实的答案是：
　　我们不知道。但是我们可以看一下方程式，并
　　尝试理解广义相对论提出的答案。事实上，这
　　种类型的奇点似乎是可以穿过的，也就是说，那
　　里有一个"彼世"。

赫　我觉得我们终于来到了著名的虫洞。这个空间

Le trou noir
toupie

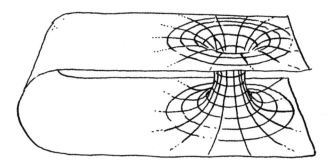

好像被一只巨大的蚯蚓钻穿了!

埃　是。但我得表明我的观点,你必须非常小心这些东西。这些仅仅是广义相对论中可能的理论解决方案,并不能保证它们在我们的世界中真实存在。像大象一样大的蚂蚁与物理定律并不矛盾,但它并不存在。虫洞很有吸引力,但没有证据证明它们确实存在于宇宙中。

赫　是的。但是这让我们变得有点疯狂,这是合理的疯狂……

埃　从这个意义上看,是的,确实有一些进入克尔黑洞的轨迹避开了中心奇点,穿过它,并在"别处"出现。

赫　别处?

埃　这个"别处",理论上来说可以存在于我们的宇宙中,但是紧接着我们就会遇到时间悖论,例如我们可以借助这些虫洞回到自己的过去。这真是个难题。

赫　你跟我说过，在狭义相对论和广义相对论中，人们可以去未来旅行。那为什么不能到过去旅行呢？

埃　这无关紧要。去未来是没有问题的，它不产生任何悖论。相反，回到过去则违反了我们对物理学的所有理解。至少以我们今天的认知不可能理解这种情况。你是否还记得科幻电影里的场景：如果我回到过去并在我出生前杀死我的父亲，会发生什么事情？最合理的情况是：考虑假设虫洞存在——但事先声明，这点我并不相信——它们连接了不同的宇宙。这个连接不同世界的通道，我们把它称为"爱因斯坦 - 罗森桥"。

赫　那我们真的可以在这些不同的宇宙之间旅行吗？

埃 这也是不确定的。这些桥的存在不仅不确定，而且很可能也不稳定，如果是这样，没有什么物质可以穿过它们，只需要一个粒子就能"关上"虫洞。但是穿越虫洞仍是一个十分有趣的理论上的可能性：这一状况可以很容易地从彭罗斯-卡特图中得到理解。在这个图中唯一需要遵守的规则是我们不能偏离竖直方向超过45度（因为这样我们的速度将会大于光速，而这是不可能的）。粗线代表一个真实粒子可以遵循的路线。从理论上来说，它穿过视界，进入了不同的宇宙遨游。这个粒子不会与奇点发生碰撞。显然，从图中你可以看到这样的旅行是可能的，并且可以……十分美妙！

赫 但我相信你肯定会怀疑这些假设的可信度，对吗？对你来说，黑洞的存在基本是肯定的，包括

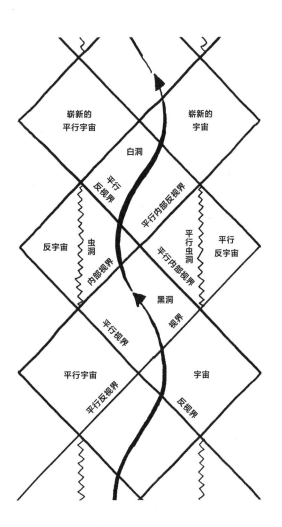

旋转的克尔黑洞，你相信它们的存在。然而虫洞对你来说仍然是猜测的结果，十分不确定。

埃　没错，确实如此。在自然科学中没有什么东西是绝对肯定的。未来我们的模型——无论是什么模型——总有可能出现问题，并被新的模型取代，这极有可能发生，但这并不意味着一切模型都靠不住。例如，广义相对论、量子力学、达尔文的物种进化论、大陆漂移说以及大爆炸模型等都是非常可靠的理论，它们已经在很多方面通过了考验。其他理论，如弦理论、圈量子引力理论等是严肃而有趣的，但它们更多的只是假设。

赫　好。所以黑洞，我可以淡定地相信它，但虫洞，我必须保持警惕。你说，这些黑洞是强大的能量储备，我们不能利用这一点吗？

埃　对史瓦西黑洞而言，这是不可能的。能量在里面，没有什么东西可以逃出来，它对我们周围的观察者来说是只进不出的。但旋转的黑洞再次发挥了非常特殊的作用。原则上，我们可以提取它们的旋转能量。

赫 终于说到清洁能源啦。当我们面对灾难的时候，这些能量将十分受用……

埃 我相当同意你的观点。不过我们还没意识到我们此刻给地球带来的生态灾难。

赫 你不应该将问题局限在这个方面。你说的是对的，但我们必须进一步思考。污染、物种灭绝、环境破坏……这些问题都应该考虑，但还应该考虑在我们创造的"死亡工厂"中，人类和非人类都在遭受着令人难以置信的痛苦。你知道，对动物来说，地狱往往就是地球，这个被我们改造的地球。

埃　你很有智慧。你的话不仅有意义，而且直中要
　　害。不幸的是，从克尔黑洞中抽取能量的彭
　　罗斯机制虽然在我看来足够可靠，但仍然是理
　　论上的，因为我认为我们并没有可利用的旋转
　　黑洞！

赫　你刚刚提到的机制包括什么？

埃　例如，我们要发送两个机器人到克尔黑洞的能层
　　中，就是视界外薄薄的区域。机器人将位于静
　　界内但仍在黑洞外，它们将受到时空旋转运动
　　的驱动，但仍然在一个可以返回的区域内。现
　　在，通过精确地研究黑洞的几何形状，我们可以
　　证明，如果一个机器人以某种精心计算的方式
　　推动另一个机器人，它就可以向外射出大于它
　　本身进入时的能量。与此同时，另一个机器人
　　将以负能量进入黑洞，从而提取一些旋转能量。

**Le trou noir
toupie**

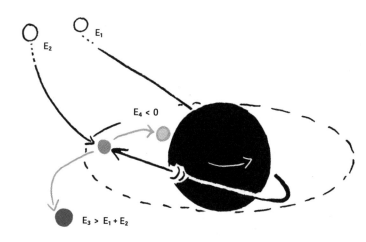

E_1

E_2

$E_4 < 0$

$E_3 > E_1 + E_2$

对生活在克尔黑洞周围的文明群体来说，这将是一种几乎取之不尽、用之不竭的资源！

赫 黑洞的黑暗中似乎隐藏着许多秘密。

埃 赫卡忒，这黑月亮不应该让你大吃一惊啊。不像塞勒涅和阿耳忒弥斯（另外两个月神），你赫卡忒就诞生于黑暗与奇异啊……

**Le trou noir
toupie**

黑洞一般情况下都会像其
他星体一样自旋。我们称
这类黑洞为克尔黑洞。

克尔黑洞非常复杂和丰富。在克尔
黑洞以外的一个区域内，黑洞会迫
使那里的所有物体沿着与黑洞相同
的方向转动，即使物体有一个反方
向推进器。

本章要点

克尔黑洞中的奇点可能是可以避免的，甚至是可以穿过的，这就是所谓的虫洞。

理论上，可以从克尔黑洞中提取它的旋转能量，这将会是一座几乎具有无限能量的储存库。

6

Quand les trous noirs s'évaporent

一

黑洞何时蒸发

埃拉伽巴路斯和赫卡忒在森林里散步。苔藓和蕨类植物散发的气味，闻起来令人安心，就像一个甜蜜的邀请，邀请他们继续探索危险的黑洞之旅。他们慢慢走着，醉人的腐质气息弥漫在周围的空气中，两人开始讨论"霍金效应"和信息悖论的基本问题。

赫 我想问问为什么我们在这里讨论宇宙学而不是混沌学，毕竟，这个世界是杂乱无序的。

埃 是的，但它同样也很漂亮啊，我们可以找到其中的意义。而且，混乱程度的演变趋势是只增不减的。

赫 虽然我不想收拾我的办公室，但如果我收拾好了那混乱程度不就降低了吗？

埃 当然可以。但是根据最普遍的假设，当一个系统自发演变的时候，这种混乱总是增加的。而且有些混乱没办法重新回到以前，例如一滴牛奶，一旦它在咖啡中扩散开来，就绝无可能重回它最初始的状态。

赫 这可真是……太奇妙了。为什么混乱只会增加呢？

埃 因为更混乱的状态更有可能出现。在混乱的情况下，一个宏观的状态可以由许多不同的微观状态构成。当一滴牛奶滴入咖啡中时，势必会导致分子与分子之间相互碰撞。这是一个特殊状态。而当牛奶扩散时，大量不同位置的分子都会改变这杯咖啡的总状态，让它变得更混乱。这是最有可能发生的。换句话说：有许多不同的方式可以达到混乱的状态，但是让一切变得有序的方式却只有一种。这便是一切都趋向混乱的根本原因，同时，这也是一个基本的自然规律，甚至是最基本的规律。

赫 于我而言，我更情愿用豆浆来替代牛奶，这会避免许多与动物相关的剥削产业的不幸。这些行业远比你想象的要更加残忍暴力，幼崽从出生那一刻便被人从母亲那里带走，还被剥夺一切情感。这还只是委婉的说法，特别是……

埃 打住！你很清楚，我也知道你说的都有道理！但

**Quand
les trous noirs
s'évaporent**

别太固执。

赫　好的，但是千万不要忘记它们。因为如果连我们都忘了它们，那更不会有人在意它们了，我们的善良也将随之消失。因此，当混乱程度很大的时候，这是否意味着，我们无法得知这个系统的详细情况？牛奶分子可能出现在任何地方？

埃　没错，千真万确！这个量在物理学中被称为熵。当我们从远处观察一个系统时，它可以用来衡量系统的无序性和缺失的信息。如果一个系统是井然有序的，我们又刚刚好可以观测到它，那我们就可以获得它的全部信息。反之，如果一个系统处于混乱，便不能获取足够信息：观察牛奶中扩散的分子，我无法获得其他分子的信息。一个系统越混乱，或者说熵越大，我粗略观察所能获得的信息就越少。这就是为什么混乱与缺失的信息如此紧密相连，并且它们可以说是熵的核心观点。

赫 你刚刚所说的熵增加或者混乱增加的理论，我认为有一个例外！

埃 嗯，怎么说？

赫 就是黑洞。就拿我们刚刚所说的热咖啡牛奶作为例子，如果我把这个非常混乱的系统扔进黑洞里，那么宇宙的熵就会降低，因为我的杯子和其中的混乱都一起消失在黑洞中了。

埃 这就令人不安了。但是在这个过程中没有什么东西增加吗？

赫 当然有，那就是黑洞的表面积。由于黑洞的表面积取决于它的质量，而当我向黑洞中扔了东西，那黑洞的质量就会增加，其表面积必然也会随之增加。而且由于没有什么可以从黑洞中逃逸

出去，所以它的表面积只会增加，对吧？就如熵
一样！

埃　你真是个天才，你刚刚发现了物理学家雅各
布·贝肯斯坦提出的著名理论。不过，不同之
处在于，他利用的是霍金的理论，一种更加详细
的数学方法，来证明黑洞的表面积只可能增加，
跟你惊人的直觉所得到的结论一样。

赫　黑洞的熵由其表面积来衡量，两者都不会减少，
只要有东西落入黑洞，它的熵就会增加。

埃　就是这样！并且这个想法表明黑洞熵的增加已
经远远超过了由于咖啡杯的消失而导致的熵损
失。总的来说，根据经典物理学的要求，宇宙的
熵在增加。我们由于失去了杯子及其中的液体
而失去了一部分熵，但是我们却由于黑洞质量
的增加而得到更多的熵。这个增加量是很明显

的，因此总的净增加量还是正的。

赫 但是，就如我们刚才说的那样，熵是用来衡量混乱程度或者描述缺失信息的概念。当我说这个房间里有 50 立方米的空气，气压为 1013 毫巴（一个标准大气压），温度为 19 摄氏度时，我指出了一切对我来说很重要的信息。但这并没有说明房间里数十亿分子的位置和速度，我"错过"了大量的信息！我觉得我们周围气体的熵都很高：它由许多我们看不到的微观物体组成。但是我不知道该怎么拿黑洞进行类比，黑洞不是由分子组成的吧。

埃 我也不明白！而且我认为没有人能理解它，这是当代物理学的一个巨大悖论。黑洞拥有巨大的熵，但它们似乎不是由微观元素组成的，大家都对它十分好奇！

**Quand
les trous noirs
s'évaporent**

赫　我们可以确定吗?

埃　确定什么? 黑洞拥有巨大的熵? 那我可以确定
地告诉你, 是的, 这一点我们很确定。想象我
们有一个球, 无论它由什么组成, 都拥有一定的
熵。假设我们在它上面制造一个光壳, 为这个
球提供足够的能量, 使其塌缩成一个大小完全相
同的黑洞。在这个过程中, 熵是增加的, 这也是
物理规律下的必然结果。因此黑洞比起始状态的
物质拥有更多的熵。对于一个给定的空间区域,
没有什么可以拥有比黑洞更多的熵! 现在回答你
问题中的第二层, "我们是否确定黑洞不是由许
多微粒子组成", 这个我还真的不知道。

赫　那你怎么想呢?

埃　我提到过一个理论, 它比爱因斯坦的理论更加完
整、更加复杂, 但同时也更带有猜测性, 这个理

论名为量子引力，它能为这个悖论提供一些有意义的答案。例如，有可能黑洞的视界实际上拥有一种结构：它可能由许多微小的"方块"组成，其作用类似于气体中的分子。

赫　啊……不要讲得太快。我们先别囫囵吞枣似的聊这些不确定的模型，免得我错过一些更基本的东西。我明白熵和无序及温度有关，如果室内温度升高，分子无序运动就会加剧，熵就会受到影响。但是黑洞没有我们所定义的温度。

埃　然而事实是，霍金证明了黑洞的温度可以定义。这也是物理学中最美丽的公式之一，因为它非常简单，但又涉及所有基本常数：光速、普朗克常数、玻尔兹曼常数和牛顿常数。这意味着它广泛涉及了相对论、量子、统计学和引力等各个方面！在这里，所有的物理学都在某种程度上

**Quand
les trous noirs
s'évaporent**

起到了作用。它基本上表明，黑洞的温度与其
质量相反。

赫　这似乎与我所知道的相矛盾。一个有温度的物
体会产生辐射，但是没有什么东西可以从黑洞
中逃逸出来，所以黑洞是无法辐射的。

埃　说得好。但是你得知道，在物理学中，很少有绝
对的普遍定义。这些定义往往只适用于一定的
有效范围。当我们说没有什么东西可以从黑洞
中逃逸出来的时候，我们讨论的场景处在经典
力学之中。但在量子力学里，这就不再成立了。

赫　但到底哪一个是真的？经典力学还是量子力
学？顺便问一句，量子力学是什么？

埃　在很多情况下，经典力学就足够了，它是一个很
好的近似值，也是我们在高中课本中学到的物
理学，它由牛顿建立，发展至 20 世纪。但有时

我们必须使用一个更好的理论：量子力学。在石头掉落的问题上，量子力学是不必要的。但是当我们对原子或基本粒子感兴趣时，我们就必须考虑量子力学的定律。对于基本粒子的行为研究，量子力学可能必不可少。量子力学给物理学引入了一种随机性和离域化的形式。

赫 让我们回到黑洞上来，现在已经非常复杂了！这个量子力学与黑洞奇特的温度又有什么关系？

埃 是这样的，在经典力学中一些通常不可能发生的事件，在量子力学中是有可能发生的。

赫 例如从黑洞中逃逸出来？

埃 完全正确！当你想象一个非常大的黑洞时，这种影响可以忽略不计，并且任何说东西可以从黑洞中逃出来的断言都是不正确的。但是，如果我们考虑到会使量子效应发挥作用的小黑洞，

**Quand
les trous noirs
s'évaporent**

事情就不那么简单了。黑洞会"蒸发"!

赫 这下跟你之前告诉我的又自相矛盾了。

埃 是的!小质量的黑洞,不是那种黑暗的墓穴——
所有物质一旦进入都没有逃出来的可能性,相
反,它是名副其实的向外发光的灯塔,而且还很
容易爆炸。

赫 那最开始掉进去的东西还能逃逸出来吗?

埃 事实可比你这样的描述复杂多了。如果不深入
了解博戈留波夫变换和时空弯曲理论,我们很
难给出一个详尽的解释。

赫 呃,事实上,我可不希望我们在这里详细讨论这
些东西。

埃 有人说,黑洞对充满量子波动的真空产生了"潮
汐效应",所以会发射出粒子。用这样的方式来
分析,可能不是十分准确,但却使我们能够"感

受"到一些现象：根据量子力学的定理，在真空中不断形成的粒子对，可以被黑洞"拉伸"，从而让其中一个粒子逃逸出黑洞。

赫　我很乐意接受这样一个类比，但我真的不明白为什么有东西坠入黑洞时，黑洞质量减小了。

埃　你是对的。这种简单的图景是不好理解，除非说由于总能量守恒，粒子被发射出来，黑洞的质量必须减小才能弥补这一点。我们用另一种简单的方法来考虑它，看会不会让你更满意。我们想象位于黑洞中心奇点层次上的物质，由于量子力学中的"隧道效应"，它可以"跳跃"到黑洞外。这是一个在我们认知范围内不太会发生的过程，但在量子世界中，它仍然可以发生。这有点像你撞向墙，你有一定的不为零的小概率能穿过墙。这能让我们理解为什么大黑洞几

根据量子力学，在真空中
自发形成的粒子对

视界

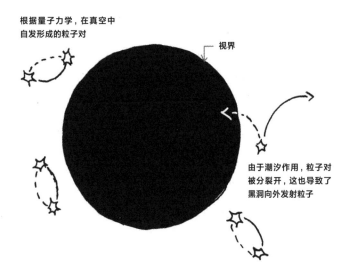

由于潮汐作用，粒子对
被分裂开，这也导致了
黑洞向外发射粒子

乎不会蒸发：视界离中心太远，隧道效应基本不可能发生。

赫 那大致的结论是：小质量黑洞很热，会蒸发？

埃 就是这样。这就是霍金效应。

赫 那它们发射的是什么呢？

埃 什么都有可能。不要忘记你所说的：万有引力是民主的。在生命的最后，黑洞将发射出光子、电子、夸克……所有基本粒子，不存在任何"歧视"。

赫 没有"歧视"？这应该去激励我们的领导人！但还是有一些问题。你说温度与质量相反，因此，当黑洞蒸发并失去质量时，其温度应该增加。但这是不可能的，就如一块烧热的铁在辐射时会冷却。

埃 说得好。事实上，黑洞并不按我们所知道的世界规律去运行。放射能量时它们变得……更热！这就是为什么说黑洞是真正的炸弹。它们越热就蒸发得越快，而它们蒸发得越多，就越热。这个过程是相辅相成的。

赫　我们银河系中可能存在的数以亿计的黑洞，难道它们就是如此多的炸弹？

埃　不，它们因为质量非常大，不会蒸发，它们太冷了。只有小规模的黑洞才会受到这种现象的影响。

赫　但是，黑洞发射出的东西仍然是落入黑洞的东西吧？

埃　不，这同样很神奇。似乎黑洞发射的都只是纯粹的热辐射，它们没有任何"过往"的痕迹或印记。它们只是普通的辐射，不包含任何信息。黑洞的这种情况，就像恒温烤箱发出的热辐射一样。

赫　所以黑洞会失忆？我以为在物理学中，我们从来不会丢失信息。这是显而易见的：只要我们知道系统的最终状态和相应的物理定律，我们就必然能够找到它过去处于怎样的状态。但是，如果黑洞的辐射与产生它们的东西没有联系，那么信息就会丢失。这不合逻辑。

埃 你已经指向了如今理论物理学的核心问题之一，但是，目前我给不了你关于这个问题的结论性答案。现在有许多理论假设被提了出来。信息真的丢失了吗？它是否出现在黑洞里的婴儿宇宙中？它是通过时间对称恢复的吗？黑洞不会完全蒸发吗？信息是否被复制到了宇宙的其他地方？信息是否在视界上被编码了？

赫 你说得太快了。快给我解释解释。

埃 那偏离我们的正题太远了。深入这种不确定的解决方案的细节，又有什么意义呢？我只想告

Quand
les trous noirs
s'évaporent

诉你，可能的答案有好几类，我们刚刚提到的每个种类都有许多不同的模型，而今天没有人知道这个问题的正确答案。

赫　但在我看来，斯蒂芬·霍金最近宣布了这个问题的解决方案。所有报纸杂志都在报道它。

埃　他只是提出了一个可能的解决方案，他的想法只是上边所说的六个不同类别的众多模型中的一个。而且，在我看来这是一个非常奇特的、相当令人难以信服的提议。

赫　所以这个问题是开放的。我可以在几年内做一个博士课题好好研究一番！

埃　真的吗？赫卡忒，强大的夜行者，可怕的厄里倪厄斯的强大伙伴，哈迪斯和珀尔塞福涅的亲密好友，暗影中的魔术师，将要承诺研究失去的黑洞信息？我非常开心听到你愿意这样做。

Quand
les trous noirs
s'évaporent

黑洞拥有巨大的熵，这意味着它与
严重的"无序"有关。

小质量的黑洞温度很
高并且会蒸发。

本章要点

所有经典过程或量子过程都存在"逆
向过程"，因此原则上信息永不丢失。
但是坠入黑洞的过程并没有"逆向
过程"。这是一种十分特殊的情况。

我们不知道在黑洞蒸发过程中物
理信息会出现什么情况。

7

Verra-t-on bientôt des trous noirs?

一

我们将会看到黑洞吗？

这两个朋友坐在格勒诺布尔一家小咖啡馆的露台上。在每条街道的尽头都可以看到被寒冷冬日的强烈阳光照亮的雪山，而这一切都督促着他们进一步交流。他们讨论是否可以"直接"观测黑洞，以及是否可以利用粒子加速器来形成黑洞。

赫   我发现黑洞的概念中有些东西超出了单纯的科学谜题的吸引力。当然,这并不是一种神秘或神奇的力量,而是一些极致美丽的东西,与其他事物完全不同。

埃   我和你一样对这种极端的异类感兴趣。而且更让我高兴的是,你一点都不害怕。我认为,恐惧是个坏东西,特别是在这个动荡不安的时期,"恐惧政治"的泛化助长了它本要抵御的巨兽。

赫   除此之外,其实知识分子的争论跟这个也有一些类似,尽管这个过程并没有那么暴力!但仍让我痛心的是,一些人虽然发现了他们思维上的错误,但却没有改正并深入思考的勇气,对此我深感遗憾。

埃   没关系!不要纠结于此。你知道,在浪漫主义时期,没有什么比被别人批判更光荣、更可取的了，即使你真的是无辜的。这就是让美丽变得崇高的东西。我相信即使在今天，那些不认识或不理解我们的人对我们的言论进行批评，都是一个好兆头：只有平庸的想法才不会引起任何波澜。但你必须得保持严谨、谦虚和开放的态度！

赫　我打从心底赞同你的说法！回到你刚刚所说的巨兽，我想说，黑洞应该是一头十分美丽的巨兽。

埃　你知道什么啦？

赫　毫无疑问，这就是一种直觉。但什么时候我们才能看到黑洞呢？

埃　如果你说的"看到"是指有可靠迹象表明黑洞的存在，那么我们已经做到了。除了喷流、吸积盘和黑洞周围的恒星运动之外，2016年2月发布的因两个黑洞合并而产生的引力波的详细测量

**Verra-t-on bientôt
des trous noirs?**

数据，应该足以证明黑洞的存在。

赫　这次合并，到底是什么呢？

埃　两个黑洞互相绕着对方转动，当它们通过引起空间振动而失去能量时，它们的轨道会越来越近，最终会合并。我们甚至在最后一刻观察到了黑洞的松弛，它在几分之一秒内从一个豆子的形状变成一个完美的球体，而后因为它自身的旋转会变得有些扁平。

赫　我想，两个黑洞中心最初的奇点也会迅速相遇。但按照通常的观察的定义，是否有一天我们会真的看到黑洞？

埃　如果你说的是严格意义上的可见光（肉眼可见的），不久的将来也无法实现。但是对于射频电磁波，也就是低能量的光，是的，我认为那将在不久的将来实现。一个名为"事件视界望远镜"

（EHT）的宏伟项目正在酝酿中。

赫 它是用于观测离地球最近的黑洞吗？

埃 不，最重要的是，黑洞必须具有足够大的角度尺寸。换句话说，它得在探测器上产生足够大的图像。事实证明，最好的候选者是人马座 A*，它是位于我们银河系中心的黑洞。虽然不是最接近我们的黑洞，但由于它明显大于附近的那些小黑洞，因此实际上更容易被探测。

赫 啊，是的，它的质量是太阳的 400 万倍。那一定很大……

埃 但它的体积仅仅是太阳的几十倍。考虑到它与地球相距 25000 光年，这个大小简直不值一提。事实上，它的尺寸并不大，这也是为什么我们难以观测到它。

赫 那我们需要一根巨大无比的天线。

Verra-t-on bientôt
des trous noirs?

埃 这就是问题所在。仪器的分辨率取决于它的大小：尺寸越大，看到的细节就越精细。为了很好地观察这个黑洞的视界，天线的尺寸必须和地球差不多。

赫 天啊，这怎么可能？我们不能将我们的星球变成一台巨型射电望远镜，我们对地球的伤害已经够多了⋯⋯

埃 你说得对！但幸运的是，我们也没有必要那样做。目前有一个很棒的技巧，就是干涉测量法。该想法是以特定方式组合若干天线的测量结果，使所获得的分辨率取决于天线之间的最长距离，而不是单个天线的大小。通过这种方式，我们可以让一些天线分布在地球表面，从而得到一个巨大的准天线，其分辨率足以看到人马座 A*。如果一切顺利，几年后就能出成果了。

赫 那目前，就没有什么我们可以期待的吗？

埃 恰恰相反！如今我们可以使用欧洲甚大望远镜
（VLT）系统上的"Gravity"设备，它使用的
是相同的干涉测量方法，已经允许我们直接探
测射手座 A* 周围的光学环境了。

赫 太好了！但黑洞离我们很远，我们不能轻易看
到，那为什么我们不尝试着自己制造黑洞呢？

埃 要做到这一点，打个比方，得将珠穆朗玛峰的质
量——约 1000 亿吨，压缩成一个比针头小 10 亿
倍的球体。你认为你能做到吗？

赫 这样说的话，明显不能……但是大型粒子加速
器，欧洲核子研究中心（CERN）的大型强子对
撞机（LHC），难道不能创造小黑洞？

埃 完全不可能。粒子加速器的目标是寻找希格斯
玻色子以及超对称粒子，就前一种来说，我们成

功了,但在后一种上,我们却失败了。

赫 这些听起来怪怪的东西是什么? 希格斯玻色子,它是物质的起源吗?

埃 并非如此,尽管它常常被这样提及。但我认为它必须被视为一种物理实体,这样我们就可以理解为什么现实总是多样化的,而不同的力在理论中却总是统一的。我们了解到,基本粒子的科学表明,看起来各不相同的力,实际上是同一种东西。然而日常生活中它们并非如此:核能并不是电能。这正是希格斯机制起作用的地方,各种力的趋同性与观察到的多重性之间的矛盾通过它得到解决。多亏了它,我们意识到相同的事物在不同情况下可能会有不同的表现。

赫 那么超对称呢?

埃 在物理学中,力和粒子是两回事。力用来描述

**Verra-t-on bientôt
des trous noirs?**

相互作用，而粒子则考虑了物理对象。它们在本质上是不同的，就像两个几乎互不相干的数学世界。而超对称是可以连接二者的一种奇妙理论。而且从美学和技术的角度来看，它同样具备难以抗拒的吸引力。

赫 啊！那就是一个完美的理论！

埃 这么说也不对！目前尚不能确定，但依我看，LHC 暂时没有看到这方面的迹象。这也是科学的魅力：我们很少能观察到我们所期望的结果。失望是这个游戏不可或缺的一部分。

赫 我们下次再来讨论基本粒子世界吧，现在让我们再次回到黑洞上来。LHC 有可能产生黑洞吗？

埃 这个可能性非常小。在我们已知的物理领域中，这个答案仍是否定的。对于两个在 LHC 中流通的质子，如果想让它们的碰撞产生一个黑洞，它们需要拥有比现在粒子加速器能达到的最高能量还要高10万亿倍的能量。这种情况下，撞击产生的能量才可能在"普朗克能量"之上，并且有可能产生黑洞。由此可见，我们离这一步还很远。

赫　那为什么还要考虑这种可能性呢？

埃　因为在某些理论中，普朗克能量比我们想象得要低得多，而LHC能产生的可用能量实际上足以超过它。

赫　这些理论是基于什么提出的？

埃　基于额外维度的存在。在日常经验中，我们感知到的是三维空间，我们生活在一个三维（前后、左右、上下）世界里。一些理论——虽然只是推测但也十分严谨——需要考虑其他维度，这些维度"隐藏"在我们视野之外，因为它们太微弱了。要形成黑洞，不仅要有几个新的维度，而且其大小也要适合。如果只有引力可以"逃"到这些额外的维度，就可以解释为什么引力看起来如此微弱：它比其他力更弱，是因为它在多个维度上被稀释了。

赫 重力对我来说可没你说得那么微弱，至少我每次摔倒后都觉得挺疼的。

埃 这个你可得好好想想，反思一下了。相对于其他的相互作用，它确实十分微弱。例如，想象一个原子中的电子与质子，如果它们不是靠电磁力相互连接，而是靠引力，那这"引力原子"的半径将……比可观测宇宙的半径还要大！

赫 确实令人印象深刻。但如果我们还是制造出了这些小黑洞，如果这些奇怪的理论都是真的，我们的处境会变得非常危险吗？

埃　并不会，因为霍金效应表明它们将会迅速地蒸
　　发掉。

赫　可是最终我们也没有观察到著名的霍金蒸发。
　　这只是现阶段的一种猜测，风险仍然存在。

埃　你是对的，我们确实没有观察到真正的黑洞蒸
　　发，但是我们看到了被称为"声学黑洞"的蒸
　　发。它们相当于黑洞，但却是流体。在这种情
　　况下，不能传播出来的是声波，而不是黑洞案例
　　中的光波。虽然这两种情况不完全相同，但这
　　些"假"黑洞似乎表明，这种蒸发现象是一个非
　　常好的支持霍金蒸发预测的标志。

赫　好吧。但风险仍然是存在的，因为我们没有任
　　何关于真正黑洞的证据。

埃　事实上，CERN 的 LHC 所做的事情，大自然已
　　经在做了。每时每刻都会有恒星爆炸产生的高

Verra-t-on bientôt des trous noirs?

能粒子以大于 LHC 的能量撞击地球大气层。如果它对我们的星球是致命的，那地球早就已经消失了。然而，我们仍然在这里。我认为这是一个非常有力的论据。

赫　我同意你这个说法，所以你会说，没有丝毫风险？

埃　你这么说的话，活着也有风险！呼吸也有风险！思考也有风险！我只是说在这些粒子碰撞中没有任何被证实的合理风险。像所有人类活动一样，对知识的追求绝不可能不带来任何风险……

赫　没错。但是如果这些小黑洞形成了，粒子的碰撞就会被刚刚形成的黑洞视界掩盖。这对粒子物理学来说可是致命的。

埃　确实，但这难不倒物理学，届时它们蒸发的方式将被用来探测额外维度的数量及大小。但是，说实话，我担心这恐怕不会发生。

赫　你担心?

埃　是的，将宇宙最瑰丽的物体放入人类有史以来最复杂的探测仪器中，毫无疑问，这将非常壮观……

射电望远镜很快就能够观察到
我们银河系中心黑洞的视界。

在粒子加速器中产生微型
黑洞的可能性极小，即使
发生，也完全没有风险。

本章要点

8

Trous noirs et nouvelle physique

一

黑洞和新物理

赫卡忒和埃拉伽巴路斯坐在赫卡忒家中，他们有些疲惫，有点忧郁，他们不太适应社会的变化。他们知道思考本身已是一种抵抗，他们要进一步讨论物理学中最难的问题：在量子引力的框架下理解黑洞。这个著名理论经过近一个世纪的探索，却仍算不上成功。

**Trous noirs et
nouvelle physique**

埃　我进来的时候你在读什么呢？

赫　博尔赫斯，《巴别图书馆》。

埃　啊，太棒了！他是一位伟大的阿根廷诗人和作
　　家，他凭借作品中无尽的镜子游戏打动了我。
　　你在这个图书馆的某处寻找到我们谈话的内容
　　了吗？

赫　面对取之不尽的文学素材，我也在想这个问题，
　　虽然有这么多书，但要找到合适的那几个词语
　　还是很难啊。我试试，运气好的话也许可以。
　　不过，物理学差不多已经完备了。

埃　我同意你对文学的看法，但不同意你对物理学的
　　判断，它还远远没走到尽头。

赫　但是这些理论都已经运作得这么好了……

埃　我们好几次都认为自己已接近知识的终极尽头。
　　在我看来，这是十分唐突且自以为是的说法。

赫 但事实是，我们已经拥有了几乎所有我们需要的东西：描述微观世界的量子力学和描述宏观世界的广义相对论。

埃 只是这两个美妙的理论彼此却不相容。

赫 弦理论不是成功了吗？

埃 可以说是，也可以说不是……它是统一物体基本相互作用与基本粒子的绝佳尝试，是十分优雅的数学表达，但同时，它成立的条件也十分严苛，只在高维空间下才适用。

赫 那这样我们就可以抛弃这个理论了，因为我们的世界只有三个维度啊。

埃 是的，可以这么认为。但是这些我们觉察不到的维度实际上会发生折叠，它十分微弱，即使忽略它，我们也不会觉得矛盾。

赫 粒子加速器可以看到微小的东西，我们应该很快

**Trous noirs et
nouvelle physique**

就能观察到这些。

埃 唉，试图通过 LHC 来检测弦，就好比试图隔着
太阳和木星之间的距离来观察圆珠笔笔尖一样。
我们有希望看到间接影响，但毫无疑问这将非
常困难。

赫 确实是个巨大的挑战。但是，这和我们的黑洞
最终也没有什么必然的联系。

埃 并非如此。实际上，用这样的猜测性理论来处
理黑洞带来的悖论是非常有成效的。它们说不
定可以为已知的困难提供持续的解决方案，而
这一事实已经成为我们探索的指南，不必提供
任何具体的实验依据！

赫 当然，但这还不够。如同多个宇宙，你称之为
"多元宇宙"：我承认在严谨的模型下以一致和
自然的方式预测的这个多元宇宙有它的价值，

但它并不能取代直接观察带来的证据的重要性。

埃　你说得有道理。但是在我看来，在无法实验的情况下，我们可以通过"思想实验"走得这么远已经非常了不起了。这就是广义相对论诞生的方式。虽然我同意你的意见，即保持谨慎，不随意忽视已经稳固为基础的科学方法，但在我看来，这并不意味着我们就应该停止探索新方法。

赫　尽管如此，黑洞通常都是体积和质量相当大的物体，弦理论对它的研究可能也没什么作用。

埃　除非我们试图解决霍金蒸发效应引起的悖论。

赫　实际上，我认为这并不是真正的悖论。我们知道小黑洞为什么会在蒸发时发射粒子：根据量子力学，潮汐效应打破了真空中出现的微粒对。我不明白为什么我们在这方面会有巨大的困惑，这是一个奇怪的现象，但它最后得到了很好的解释。

埃　但悖论并不在于此。悖论来自这个过程中信息的丢失：在霍金的计算中，非常奇怪的一点是黑洞发出的物质与形成它的东西毫无关系。而这恰恰是弦理论可以提供帮助的地方。目前虽然情况仍然模糊，存在不确定性，但似乎它最有可能正确地描述黑洞——至少其中的一部分，以避免其信息丢失。

赫　这怎么可能？

埃　这是一个漫长而艰难的过程。但总而言之，现在的研究更多的是依靠我们称为 D-膜的新研究对象，它位于弦的两端。你不需要详细了解它到底是什么，重要的是，在这种背景下它表现出了良好的整体协调性。它也与所谓的全息原理有关。

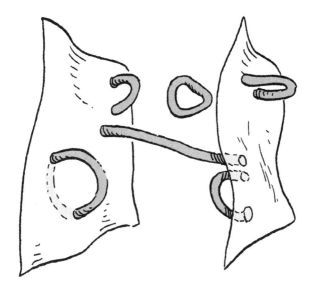

**Trous noirs et
nouvelle physique**

赫 啊，是的。我们常常听说我们生活在一个全息
   投影时代。这实在太难以置信了！

埃 嗯……也许这种说法有点误导。根据其定义，
   全息图是位于一个平面上的图像，我们可以根
   据它将空间的信息全部重建。全息原理——当
   然它在这个阶段仍然是一个理论假设——并没
   有说宇宙实际上只是一个单纯的平面，相反，它
   想表达的是空间中包含的所有信息理论上都可
   以在平面上进行编码。

赫 然后呢？这听起来并不怎么厉害。理论上说，
   我可以在书的表面上写出这本书内里的所有
   内容。

埃 这有点复杂。用计算机语言来说，二维平面上
   所包含的信息"比特"（bits）是远远少于三维
   空间的。我们可以在平面上编码空间中的一切

信息，这实际上只说明了一件事情：所有我们天真地以为可以在三维空间成立的结构，实际上不可能成立。这就是为什么事实上二维平面就已足够了。

赫　那我们是否真的生活在一个二维平面上呢？

埃　那我又要回到第一个问题：什么是"真实的"？我们认为夸克是真实的，但希腊人认为月神的三位一体是真实的。事实上，这个原则要表达的是，我们可以用两种不同的方式去描述这个世界：在二维平面上或者三维空间上。

赫　但到底哪一个才是真实的呢？

埃　你觉得哪个是，哪个就是，因为它们是完全等价的。

赫　最后，科学有时候是开辟出更多的可能性而不是去限制这个现实世界。

**Trous noirs et
nouvelle physique**

埃　我想是这样，也希望事实如此。

赫　那么这个信息悖论问题得以解决，而弦理论的解
　　决方法也得到一致认可了吗？

埃　并非如此。弦理论给出的启示确实很有趣，但
　　它却没有实验支持，而且也不是我们唯一要考
　　虑的模型。

赫　还有什么其他模型？

埃　太多了，一时间无法用寥寥数语概括。

赫　好的，那这样吧，你最看好哪一个呢？

埃　那就是圈量子引力理论……

赫　那又是什么？弦和圈一样吗？

埃　严肃地说，这是弦理论的一个替代方案，实际上
　　二者之间非常不同。它是一种用来调和量子力
　　学和广义相对论这两个看似互不相容的新理论。
　　这是一种谦逊且极简的描述方式：它不是什么革

命性的创新理论，而是对已有理论的综合考量。

赫　这听起来很优雅啊。那它管用吗？

埃　目前它还是有局限性的，但是也运作得相当不错了。当根据它定义的模型被运用到宇宙时，我们发现宇宙大爆炸消失了！取而代之的是宇宙大反弹。宇宙会收缩，反弹，再扩张。我们现在就处于扩张阶段。

赫　它在什么上面反弹啊？

埃　在它本身，它就像一个会收缩的球。

赫　那它的收缩和扩张是在何种环境中进行的呢？

埃　什么都没有，一切都是在虚无中进行的。任何情况下，当我们谈论一个强的宇宙概念时，我们应该明确一点——没有"宇宙之外"。空间可以扩张但不包含在更大的空间中。扩张就需要一个容纳它的环境，我们应该放弃这种误解。例

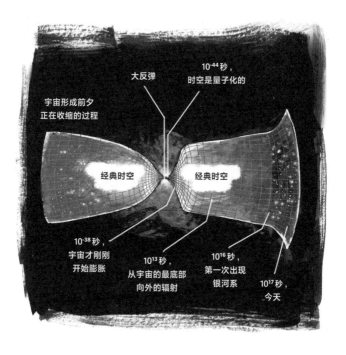

如，如果我们等待一段时间，宇宙中的所有距离（从大尺度上）都将增加一倍。这就是一种单纯的扩张，没必要将宇宙浸入任何东西以满足我们的日常认知，也没必要决定它是有限的还是无限的。

赫 那这和黑洞又有什么联系呢？

埃 事实上，黑洞似乎表现得和宇宙一样：它们会反弹！

赫 但这对我来说似乎是矛盾的：如果存在视界，根据定义，除了通过霍金效应，任何东西都不可能逃脱！我看不出物质是怎么逃逸出来的。

埃 是的。但有趣的一点是，量子引力将改变这一观点。在这里，视界是"明显可知"的，它不像我们讨论过的事件视界那么极端和严谨。在广义相对论中，爱因斯坦方程有两个解：黑洞和白洞。后者在时间上与前者对称。换句话说：黑

Trous noirs et
nouvelle physique

洞是什么都出不来，而白洞是什么都进不去，它
一直向外"吐"东西。

赫 那我们观测到白洞了吗？

埃 并没有。有趣的是，在相对论中，黑洞这个内爆
的物体，永远不可能变成白洞这样向外爆炸的
物体。两个解之间并未相连，两者之间不能互
相转换。但一旦进入量子力学，它将变为可能。

赫 就像缩小的宇宙和不断扩张的宇宙一样？

埃 没错。我们仍在处理隧道效应——经典物理学
所禁止的事物在量子力学中是可能发生的。

赫 但是，等等……你说我们没有看到任何白洞，而
我们至少间接看到了黑洞，因此我们可以排除
白洞这个模型了。

埃 这一切都取决于反弹所需的时间。

赫 我觉得会非常快。在我看来，物质在坍缩时必

**Trous noirs et
nouvelle physique**

须非常快，如果它反弹，应该只需要不到一秒。

埃 如果我们用一块跟着物质一起运动的手表来测量时间，那就是这样！但现在让我们想象一下，我们从一个遥远的地方来观察这种反弹。

赫 例如一位拿着望远镜观察的天文学家？

埃 就是类似这样的假设。那么，在他看来，反弹所花费的时间将会无比漫长！

赫 这就是我们前几天说的，在强引力场中时间膨胀的效果。这个时间会比宇宙的年龄更长吗？

埃 你已经明白了。从远处测量的反弹时间确实大于宇宙的年龄，这解释了为什么我们看不到白洞而只能看到黑洞。它们的动作仿佛冷冻凝固了一般。

赫 真的吗？

埃 你难道只会说这个吗！它们的运动对遥远的观

察者来说确实是冻结的，但对参与反弹的粒子来说，这个速度非常快。

赫　那白洞简直就是这些粒子的时间旅行机器。这些粒子参与反弹，在白洞的参考系下持续时间不到一秒，但当它们出来时，周围的宇宙已经过去了数十亿年。

埃　这真是个好解释。

赫　但是这个模型的特征，对我们这样遥远的观察者来说与黑洞的特征相同，所以这个理论是不可能得到检验的。

埃　是的，对于大质量黑洞确实是这样，但并不排除在大爆炸（或大反弹）之后形成的叫作原始黑洞的小黑洞。对于后者，即使是从远处测量得到的反弹时间，也可能小于宇宙的年龄，并且可能观察到它产生的白洞！

**Trous noirs et
nouvelle physique**

赫　听起来真是美妙。但你从来没有告诉过我那些原始黑洞的情况！我以为黑洞的质量都是太阳的几倍到几十亿倍呢。而我们现在谈论的黑洞质量可能和灰尘一样小。

埃　说实话，它们的存在仍然是个假设。但在遥远的过去，当宇宙还很年轻的时候，密度非常高，这些小黑洞的形成并非不可能。如果是这样，能观察到它们就太棒了！在我们刚刚提到的反弹假说中，有机会出现白洞；在更传统的观点中，霍金的蒸发过程会显露出来。无论如何，这个任务都十分迷人。

赫　这个世界太疯狂了。

埃　疯狂，但也美丽。

●—— 弦理论为理解黑洞中的信息悖论
提供了有趣的答案。

●—— 圈量子引力理论提供了毫不
逊色的另一种解释，其中黑
洞被认为是导致了白洞的反
弹结构。

●—— 在大爆炸之后可能形成非常
小的黑洞，名为原始黑洞。
它们至今尚未被发现。

本章要点

Épilogue

一

结语

赫卡忒和埃拉伽巴路斯坐在一片野生池塘附近的草地上。一簇簇草丛摇曳着，轻拂过他们的头发。蟾蜍美妙的歌声与柔和的暮光交织在一起。地面上，蚂蚁们优雅的脚步也令他们感到惊叹。

赫　　我有时候会问自己，我们到底是不是生活在一个
　　　黑洞之中。我也会怀疑，是否我们所处的宇宙
　　　本身就是一个黑洞呢？

埃　　近几十年来这个想法已经多次被人提出并考虑
　　　过了。尽管它在某些模型中成立，但是它没有
　　　完全让我信服。在这些模型中，黑洞像一个套
　　　装结构一样——这个套装可以无限循环——黑
　　　洞中嵌套着黑洞。

赫　　这可真是有意思。看来，想对黑洞有一个简单
　　　的了解也并不容易啊。

埃　　我相信我们这个时代最大的知识暴力正是对所
　　　谓"简单"的痴迷，或者有些人称之为"对清晰
　　　度的要求"。

赫　　对我来说，清晰的确是值得称赞的。

埃　　当然。没有人会争论这一点。但问题在于，耀

眼的清晰性即使不使人盲目，它往往也以简化甚至夸张现实为代价，这些简化或夸张有时简直几近伪造。某些哲学或意识形态潮流强制追求某种清晰性，在我看来这是对思想可怕的压抑，后果是无法估量的。当然，这也并不意味着寻求模糊与不清晰的行为就一定都是正确的。但我认为，我们不应该害怕微妙性或多样化。我们必须抵制使我们的世界萎缩退化的禁令。认真考虑对真理的追求，即考虑历史并对真理本身的概念提出应有的质疑。就算是真理，它在不同的时代和文化中，也具有许多不同的含义。

赫　是的，黑洞是美丽的坍缩的星星，但是，对我们来说，我们不应该把不同的存在方式坍缩成理解现实的单一方式。让我们继续反对那些独霸

真理解释权的人，捍卫这样一个世界：在这里，
科学有时大胆地与诗歌、文学交融；在这里，艺
术不会被诋毁；在这里，动荡和脆弱的群体也有
发声的权利；在这里，我们对真理的追求有必要
且值得称颂，但这追求不会成为一种新的独裁。
但忘记真理概念本身，这需要一定的努力才能
达成。真理可不仅仅只是物理学的特权。在这
里，我们必不可少地要提醒自己，打击欺骗的谎
言，但并不否认真理定义的复杂性和含义的多
样性。让我们大胆一点。

埃 这真是勇敢的行为。

赫 我们必须做出选择。

埃 当然，但没有什么能阻止我们对自己的选择保持
挑剔的态度。

赫 然而，你时常以激情和信念来为自己辩护，你是

如此地自信。

埃 这你可就错了！恰恰相反，我经常与自己发生争执，我怀疑我的每一个意见。我感觉到一种潜在的，有时也是明显的矛盾。这矛盾如此富有感染力，使新生思想如原子般摇摆不定。一切都是脆弱的，而我，甚至比我试图提出的命题更脆弱，即使那些命题还都只是假设。

赫 黑洞将引领我们走向远方。我记得诗人费尔南多·佩索阿*问道："太空中有裂缝吗？谁又会在裂缝的另一头？"最后，我们也没有真正

* 费尔南多·佩索阿，葡萄牙著名诗人、作家，被认为是继卡蒙斯之后最伟大的葡语作家。代表作有《使命》等。

回答这个问题，但我们所做出的努力以及踏出的每一步，都已经动摇了许多我曾经坚信的东西。这个问题丰富了我的现实生活。而且我觉得距离用物理学解答它，我们还有很长的路要

走。我们仍将在几年里继续讨论它……

埃　然后，你可以向我解释你的研究成果。我也期

待着我们讨论过的一些谜题在不久的将来能被

你一一破解。

Références bibliographiques

参考文献

[入门读物]

J.-P. Luminet, *Les trous noirs*, Paris, Seuil, 1992.

A. Riazuelo et R. Lehoucq, *Les trous noirs: À la poursuite de l' invisible*, Paris, Vuibert, 2016.

M. Smerlak, *Les trous noirs*, Paris, PUF, 2016.

L. Susskind, *Trous noirs: La guerre des savants*, Paris, Robert Laffont, 2010.

K. S. Thorne, *Trous noirs et distorsions du temps: L'héritage sulfureux d'Einstein*, Paris, Flammarion, 2009.

【 扩展读物 】

A. Barrau et J. Grain, *Relativité générale*, Paris, Dunod, 2016 (2e ed.).

D. Gialis et F.-X. Désert, *Relativité générale et astrophysique: Problèmes et exercices corrigés*, Les Ulis, EDP Sciences, 2015.

D. Langlois, *Relativité générale: Des fondements géométriques aux applications astrophysiques*, Paris, Vuibert, 2013.

M. Ludvigsen, *La relativité générale: Une approche géométrique*, Paris, Dunod, 2005.

J.-P. Pérez, *Relativité: Fondements et applications*, Paris, Dunod, 2016 (3e ed.).

Au cœur des trous noirs,

by Aurélien BARRAU

© Dunod, Malakoff, 2017

Simplified Chinese language translation rights arranged through Divas
International, Paris　巴黎迪法国际版权代理 (www.divas-books.com)

本书插图：p.51© Alain Riazuelo, p.72© Ute Kraus, p.170© Avery Broderick,
　　　　　with kind permission
　　　　　其余均由Lison Bernet绘制

著作权合同登记图字：09-2021-0762

图书在版编目（CIP）数据

黑洞之心：宇宙中最狂暴又最迷人的天体 /（法）
奥海良·巴罗著；郭彦良，姚智斌译 . -- 上海：上海
三联书店，2021.10

ISBN 978-7-5426-7537-8

Ⅰ . ①黑… Ⅱ . ①奥… ②郭… ③姚… Ⅲ . ①黑洞—
普及读物 Ⅳ . ① P145.8-49

中国版本图书馆 CIP 数据核字 (2021) 第 190265 号

黑洞之心：宇宙中最狂暴又最迷人的天体

[法] 奥海良·巴罗 著

责任编辑 / 殷亚平

特约编辑 / 周　玲

装帧设计 / 少　少

内文制作 / 李丹华

责任校对 / 张大伟

责任印制 / 姚　军

出版发行 / 上海三联书店

　　　　（200030）上海市漕溪北路331号A座6楼

邮购电话 / 021-22895540

印　　刷 / 山东韵杰文化科技有限公司

版　　次 / 2021年10月第1版

印　　次 / 2021年10月第1次印刷

开　　本 / 787mm×1092mm　1/32

字　　数 / 67千字

印　　张 / 7

书　　号 / ISBN　978-7-5426-7537-8/P·7

定　　价 / 55.00元

如发现印装质量问题，影响阅读，请与印刷厂联系：0533-8510898

2019 年 4 月 10 日，"事件视界望远镜（EHT）"项目
发布了人类拍到的第一张黑洞照片。照片揭示了超
大质量星系 M87 中心的黑洞，这是黑洞存在的最直
接证据，是人类历史上的一块巨大里程碑。黑洞这
一神秘天体终于被人类看到了真容。